U0262222

除了野蛮国家，整个世界都被书统治着。

后读工作室
诚挚出品

想像するちから

チンパンジーが教えてくれた人間の心

透过黑猩猩看人类

想象的力量

[日]松泽哲郎——著

韩宁　方谷——译

图书在版编目（CIP）数据

透过黑猩猩看人类．想象的力量 /（日）松泽哲郎 著；韩宁，方谷 译．— 北京：东方出版社，2025.1.

ISBN 978-7-5207-2650-4

I. Q981.1-49

中国国家版本馆 CIP 数据核字第 2024ZU9904 号

透过黑猩猩看人类：想象的力量
（TOUGUO HEIXINGXING KAN RENLEI: XIANGXIANG DE LILIANG）

作　　者：［日］松泽哲郎
译　　者：韩　宁　方　谷
策　　划：姚　恋
责任编辑：王若菡
装帧设计：李　一
出　　版：东方出版社
发　　行：人民东方出版传媒有限公司
地　　址：北京市东城区朝阳门内大街 166 号
邮　　编：100010
印　　刷：嘉业印刷（天津）有限公司
版　　次：2025 年 1 月第 1 版
印　　次：2025 年 1 月第 1 次印刷
开　　本：640 毫米 ×950 毫米　1/16
印　　张：18.75
字　　数：191 千字
书　　号：ISBN 978-7-5207-2650-4
定　　价：59.80 元
发行电话：（010）85924663　85924644　85924641

推荐序

常常有朋友问我："金丝猴聪明吗？"是呀，金丝猴聪明吗？我研究金丝猴已经有三十多年了，但是这个问题一直困扰着我，我难以回答！

2001 年，我作为客座教授到日本京都大学灵长类研究所工作与学习，这里汇聚了全世界许多著名的灵长类科学家，我在此看到了系统发育学、进化生物学、行为生态学、脑知识与人类学等研究团队进行的前沿理论与技术创新研究。我之前主要进行的是灵长类分布与种群资源调查，此时此刻，我如醍醐灌顶，打开了学科研究的眼界，觉得我们不仅要进行野外调查，而且应该在行为学与生态学方面进行定点观察与控制性实验。回国后，我踏上了金丝猴行为生态学研究的漫漫长路。

令我至今难以忘怀的是，在京都大学，有一天，平田聪博士突然问我是否有兴趣看看他们的黑猩猩智力研究实验。其实我早就知道，在京都大学灵长类研究所里，世界著名的松泽哲郎教授领衔的研究团队正在开展灵长类认知研究。我早已有心学习他们的研究方法，于是欣然接受了邀请。当看到电视机屏幕上不断闪烁着“1、2、3、4、5、6、7、8、9……黄、红、绿、青、蓝、紫、橙……”，而黑猩猩能够快速准确地用手指出其顺序与位置时，这一“动物瞬时记忆”实验令我非常震惊，一是他们的先进设备使我望洋兴叹，二是这种科学研究内容使我十分汗颜。我心里一直在想：什么时候我们也能够进行这样前沿性的科学研究呢？这颗种子从此埋藏在了我的内心深处。

十分欣慰的是，经过几十年的发展，在我们这一代人的努力下，中国灵长类行为与生态研究取得了一些重要研究成果，逐步走向世界，令国际同行刮目相看。更令我高兴的是，我的学生方谷带领团队开始研究金丝猴的认知。看到他们带着先进仪器在野外进行艰苦实验的过程，我既兴奋又感慨。我们终于开始追赶国际研究水平了。

有一天，人民日报社的编辑约我写一篇关于“动物智慧”的文章，这又勾起了我对于动物认知研究的思绪。我们觉得有些动物看上去很“呆萌”，但在某一方面它们又能表现出非凡的能力与智慧。什么是动物的智慧？同样，金丝猴聪明吗？我与方谷讨论了很长时间，终于写出《“聪明动物”背后的认知研究》，在人民日报读书栏目刊登，获得了大家的一致赞同。

动物学家利用多样的观察方法与巧妙的实验设计，不断研究动物行为和它们的思考方式，并发展出动物行为与认知科学这一学科。松泽哲郎教授用尽一生研究黑猩猩的行为与认知，成为这一领域的世界杰出代表。通过《透过黑猩猩看人类：想象的力量》和《透过黑猩猩看人类：分享的进化》这两本书的介绍，我们可以窥视动物的智慧源于观察学习与实践经验，并更多体现在适应自然环境、解决生存挑战等方面。这就是动物认知，这就是动物智慧，这就是动物的聪明。

人类在进化的过程中，失去了瞬时的记忆能力，取而代之是想象的力量与语言能力。亲人之间、伙伴之间在朝夕相处的过程中，孕育出了同情心、相互分享之心、慈爱之心。

让我们翱翔于动物认知的海洋，从中领悟人生的价值！

李保国

西北大学教授

国际灵长类学会执委

中国动物学会灵长类分会首任理事长

2024 年 8 月 8 日

中文版序

我非常高兴并荣幸地宣布:《透过黑猩猩看人类：想象的力量》中文版出版了。

21 世纪初，人类和黑猩猩的全基因组被解码，两个物种的 DNA 序列有 98.8% 是相同的，黑猩猩与人类之间的基因差异仅为 1.2%。在这个星球上，与我们人类在进化上最接近的物种就是黑猩猩。那么，黑猩猩是一种什么样的生物呢?

黑猩猩生活在非洲撒哈拉沙漠以南的热带雨林中。自 1986 年以来，我每年都会到非洲进行实地考察，在黑猩猩的自然栖息地对他们[①]进行实地研究。另外，从 1977 年起，我开始对生活在京都大学灵长类研究所的一群黑猩猩进行认知实验，探索他们的思维。这对名为“小爱”和

① 在松泽教授以前出版的书中，曾讨论过黑猩猩及其他大型类人猿（包括猩猩、大猩猩、倭黑猩猩）的量词，应该用一头、一个还是一位，松泽教授选择了数人用的量词“个”。同理，本书对其的人称代词也一律采用“他”或“她”。（本书注释均为译者注）

“小步”的母子就是本书的主人公。作为一名研究者，我同时进行野外研究和实验室研究。通过数十年如一日的并行研究，我们对黑猩猩有了整体的了解。这就是本书中包含的独特的研究方法。

通过深入了解黑猩猩的思维、语言和相互关系，我们可以理解人类的独特之处。总之，黑猩猩生活在“此时、此地、我”的世界里。此时此刻眼前看到的一切，对他们来说非常重要。而人类则拥有丰富的“想象的力量”，可以思考不在眼前的事物。例如，我们无法直接看到他人的思想，但可以想到他们。我们不仅进化出了爱自己的能力，还进化出了以同样的方式爱邻居的能力。我们不仅活在当下，也活在过去和未来；我们不仅能想到这里的人，也能想到远方的人，能同情那些在遥远地方受苦受难的人。因为我们拥有想象力，所以无论眼前的情况多么糟糕，我们都能对未来充满希望。我相信，这种萌生出希望的能力正是人类的本质所在。

我的老朋友、中国动物学会灵长类分会首任理事长李保国教授是中国野生金丝猴研究的先驱。他能为本书作序，是我莫大的荣幸。2022年，李保国教授邀请我到西北大学访问，这成为翻译本书的契机。原书由韩宁女士翻译成中文，她是我30年的老朋友，长期从事语言教育工作。西北大学副教授方谷博士以灵长类动物学家的身份对译文进行了精准的校正。我对各位深表感谢。此外，我还要感谢本书的出版单位东方出版社和原出版单位岩波书店。最后，我要向所有阅读本书的读者表示最深切的感谢。非常感谢你们。

目录

7 语言与记忆

人类牺牲记忆换得了语言能力

8 想象的力量

只有人类才会心怀希望

引言

探究心智、语言和情感的起源

初次与小爱相见的情形，我至今记忆犹新。

小爱于 1977 年 11 月来到京都大学灵长类研究所，而我是在之前一年的 12 月开始担任研究所的助手的。此前我从没有近距离看到过黑猩猩，以为黑猩猩不过是黑黑的、体形庞大的猴子而已。要来这里的动物究竟会是什么样子呢?

那是个初冬微寒的日子，在一扇窗户都没有的地下室里，一个光秃秃的电灯泡从天花板上孤零零地悬垂下来。在那个房间里，有个黑猩猩宝宝，她就是刚满 1 岁的小爱。

我刚一看向小爱，她便定定地凝视我的眼睛，令我感到惊异不已。在之前的一年里，我一直和日本猕猴打交道，知道人与猴子之间是忌讳对视的。一旦猴子看到人的眼睛，要么发出“吱”的叫声，然后逃走；要么就是发出“噶”的叫声，表示发怒。

对猴子来说，视线相遇只意味着挑衅。而且遇到陌生人时，日本猕猴根本无法保持镇定。然而，小爱则不同，我只要定定地凝视她的眼睛，她也会以专注的凝视回应我的目光，这实在令人惊异不已。

猛然回过神后，我想着应该试试做点什么。很不凑巧，当时我身上什么也没带，只是穿着做实验的白大褂，袖口上戴着过去当文书的人都会戴的套袖，别的什么都没有。于是我把套袖脱下来，递给了小爱。小爱倏地一下就把套袖套在了自己的手臂上。

如果这种情形发生在日本猕猴身上，在拿到套袖后，它一定会闻一闻气味，再试着咬一咬，若是不能吃就丢掉。小爱却不同，她毫不犹豫地接过套袖，迅速地戴上。我还在一边发出“啊”的惊叹时，她又倏地把套袖从手腕上脱下来，递还给我。

初次相遇的这一天，我就非常清楚地知道了：这不是一只猴子，她会和你有目光交流，更重要的是，会有什么东西触动你的心弦。

从那一刻开始，我踏上了历经漫长岁月的科研征程。但是，每一天都充满了新意，每一天黑猩猩都会教给我新东西。这也是我能将研究进行至今的理由。

1969 年进入京都大学学习的时候，我曾经渴望研究哲学，想要知道“什么是人类”。经过诸多考虑，我选择了当时仍归属于哲学专业的心理学。现在，我的研究领域是名为“比较认知科学”的新学问。

所谓比较认知科学，就是把人类与人类以外的动物进行比较，探究人类心智进化起源的学问。

人类的身体是进化的产物，同理，人类的心智也是进化的产物。一旦从这个视角去理解，不论是教育、亲子关系还是社会，全都是进化的产物。通过深入了解人类进化的近亲——黑猩猩，我们能够揭示人类最独特的部分——心灵，从而看到教育、亲子关系、社会进化的起源。我想，这也就是对“什么是人类”这个问题的一种解答吧。

比较认知科学研究的核心问题是心智、语言和情感。在思考人类这种生物时，这三点都是非常重要的侧面。这是我通过对黑猩猩的研究逐渐领悟到的。

我们很久以前就知道，心智、语言和情感对人类来说尤其重要。有这样一种说法：心中若是没有爱，不论语言多么优美动听，也不能打动对方的心。这是圣保罗的教诲[①]，可谓恰如其分地表达了人与人之间的"人"的本质。

从与小爱相会那天算起，到如今已经 33 年了。自 1986 年起，我还开展了对非洲野生黑猩猩的研究，每年一次前往非洲，到现在已经是第 25 个年头了。不知不觉间，我已经到了花甲之年。

从与黑猩猩邂逅，到深入观察黑猩猩，在日本和非洲，通过与黑猩猩相处的这些日子，渐渐地，我对黑猩猩也越来越了解。

有句日本谚语说："浅川也当深川渡。"这句话的原意是告诫人们行事须小心谨慎，乍一看是条浅浅的小溪，实际上可能比预想的更深，因此不要贸然涉足，应当小心谨慎地涉水，以免被水冲走。

但是，我从这句话里听出了稍有不同的弦外之音：乍一看不起眼而被人忽略了的事情，实际上可能意味深长。因此，我的理解是：貌似浅

---

① 见《新约·哥林多前书》第十三章第一节："我若能说万人的方言，并天使的话语却没有爱，我就成了鸣的锣，响的钹一般。"

薄的事情，也有可能蕴含着深远的意味；细节反而能够体现出事物的本质。

黑猩猩没有类似人类的语言，但是他们也有心智。在某种意义上，他们甚至有着比人更加深厚的情感。通过更加深入地了解黑猩猩，我们便可以尝试思考：人，究竟是什么？

在这本书里，我想从“浅川也当深川渡”的视角，凭着自己收获的心得，与大家谈谈人类的心智、语言和情感的进化起源。

1

心智从哪里来

心智究竟是如何产生的?

迄今为止，为了解答这个问题，人类开展了各种各样的研究。

其一，是深入了解神经系统，这门学问称为脑科学。由于心智是由脑这个器官掌控的，所以，脑的研究就是心智的研究。

其二，是尝试剖析产生心智的社会基础。在国外的很多日本人认为自己终究还是日本人，被异文化包围时才会更加强烈地意识到，自己的心智与意识无疑是在生养了自己的社会里形成的。也就是说，从文化人类学或社会学等视角，也能研究心智。

其三，还有一个学派试图以工程学基础解析心智的产生。例如，大家也许曾听说过计算理论或机器人学等词语，这些理论的研究者通过制造与心智同等功效的模型或者机械，来解析心智产生的基础。

通过这些方法，从脑科学、社会学、工程学等各种不同视角，都可以推进心智的研究。但是还有一个遗留问题，那就是人类心智的起源。人类的心智到底是怎么来的?尽管科学家在一定程度上分析、解读了心智，但还是没有解答“我们的身体里为什么会有发育成这个样子的一颗心”这个历史问题。

心智是经历了怎样的历史进程，才发展成现在这个样子的?脑科学没能解答心智的起源问题，在文化人类学的研究中也找不到答案，机器人学就更无法解答了。解析心智产生的进化基础的学问，可以被称为心智的历史学。这门学科的研究内容是探寻心智的历史发展足迹。

没有化石，如何研究心智的进化

正如同人类的身体是进化的产物，人类的心智也是进化的产物。这是我通过黑猩猩研究，逐渐产生的切身体会。若是要对人类身体的进化进行研究，大概首先会去挖化石吧。只要看到化石，就能弄清楚某个器官是什么形状，身体长成了什么样子。但是，不管如何在地下挖掘，也挖不出人类心智的残余。心智是受脑这个器官掌管的，而脑是软组织，不会留下化石。

要探究人类心智的历史，与其去寻找心智的化石，不如把人类和现存的其他生物进行比较。在种属上有近缘关系的两种生物，若是在心理功能上有什么共同特征的话，便可以稳妥地得出推论，这些特征来自其共同祖先。

例如，人类和黑猩猩都会使用工具，这种技能便可以追溯到二者的共同祖先；而发出声音、用语言交流是人类特有的，便可以认为语言是人类从共同祖先分化之后，在进化成为人的过程中获得的。

通过比较现存的物种，就能明白人类这种生物进化的历史，尤其是能了解心智进化的基础。比较认知科学的研究目标就这样确立了。

现代人中只有智人生存下来

如果直立人能存活至今，我们就应当研究直立人。又或者，如果大约 3 万年前的尼安德特人能存活至今，尼安德特人就会理所当然地成为比较认知科学的研究对象。

把时间拉到离现在更近的年代。到了 1.8 万年前，在印度尼西亚的弗洛勒斯岛上，住着名为弗洛勒斯人的人类。弗洛勒斯人身高只有 1 米左右，大脑容量和黑猩猩差不多，是会使用工具、会生火的人类。如果弗洛勒斯人存活至今，我多么希望能做现代人和弗洛勒斯人的比较研究啊！

然而，不论是弗洛勒斯人、直立人还是能人，除了现代人以外的所有人属物种都已经灭绝。南方古猿也已灭绝。因此，我们能做的就是，把现代人与同现代人最近缘的黑猩猩属（包括黑猩猩和倭黑猩猩）进行对比。

在这里有一点要事先强调，现在仅有我们智人一种现代人存在，这在历史进程中是非常罕见的情况。通常，在同一时代，总是有几个不同的人类物种同时存在（见图 1）。

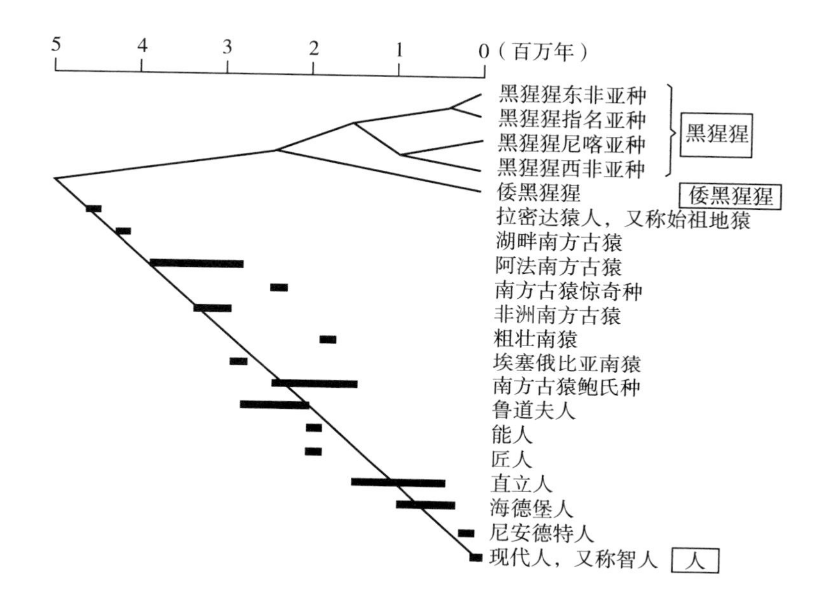

图 1　人类的亲缘关系系统

有个与此相关的误解，也想在此澄清。教科书上虽然写着猿人、原人、旧人、新人，说是由猿人进化成原人、原人进化成旧人、旧人进化成新人，但实际上人类并不是这样沿着一条直线进化的。猿人和原人是同时存在的人属物种，旧人和新人也曾经生活在同一时代。不同的时代生存着其他人类物种，但最后相继死亡灭绝，现在只剩下了我们——现代人，也就是晚期智人。

与进化近亲比较，与相似者比较

比较认知科学的研究方法大致可以分为两种。

其一，基于同源的比较。这种方法是将进化起源相同的生物与人类进行比较，据此探究人类心智进化的基础。人类与黑猩猩的共同祖先，大约出现在500万年前。

其二，基于相似性的比较。同为生物，一定在某个时代有着共同的祖先，哪怕是在非常遥远的过去。我们也可以把在进化过程中早已分化的两种生物，比如鸟类和人类进行比较。众所周知，乌鸦、鹦鹉、冠蓝鸦都非常聪明，那么它们到底是如何进化而来的呢？

鸟的大脑并不像人的大脑一样具有大脑皮层，甚至连最基本的构造都不一样。但是，我们依然能够研究它们的心智。从进化起源来说关系相当遥远的生物，着眼于其相似性而进行研究，这就是第二种研究方法。

我采用的研究方法是第一种：着眼于同源性，以现存物种中和人类在进化上最近缘的黑猩猩作为研究对象，研究黑猩猩与人类哪里相同、哪里不同。

人类的近亲黑猩猩

2009年，由京都大学灵长类研究所编著的《新灵长类学》出版了。如今仍有很多人认为“灵长类学”就是“猿猴学”，这个观念是错误的。灵长类并不等同于猿猴，而是包括猿和猴，并且人类也是灵长类。

那些泛滥于街头巷尾的出版物，有的标题写着“人类和灵长类”，这就是把灵长类等同于猿猴了。如果说“人类和哺乳类”，是不是觉得怪怪的？至于“人类和脊椎动物”，很明显会感觉莫名其妙吧？因为人就是脊椎动物，也是哺乳动物。

与上述无法并列的表述一样，“人类与灵长类”也无法并列。如果是“人类和鸟类”“人类和鱼类”，前者没有包含在后者的范畴里，这样的表述是没问题的。但是，拿自己跟某种包括自己在内的东西并列，就很荒谬，所以人类和灵长类不能相提并论。正确的表述是“人类与人类以外的灵长类”，即“人类与非人灵长类”。

黑猩猩是人科物种

还有一点希望读者们了解：在生物学上，黑猩猩的分类属于人科。

人科、人属这样的说法，给人一种“人是很特别的生物”的微妙感觉。很多人认为，人类是一个单科、单属、单种的存在，这种观念是错误的。在生物分类学上，目前惯常的分法是人科有4个属，即人科人属、人科黑猩猩属、人科大猩猩属、人科猩猩属。

而且，不仅学术领域这么划分，在日本的法律中，黑猩猩也被分到了人科里。

比如说，为了保护濒危物种而制定的日本相关法律中写道：“让我们珍惜、保护以下濒临灭绝的物种。”接着列出了濒临灭绝的动植物名录，其中写明黑猩猩属于人科。也就是说，不仅在学术上黑猩猩属于人科，在法律上也一样。同时，我也非常希望大家记住，人科有上述4个属。

基因组的差别只有大约1.2%

人类与黑猩猩的基因组，即完整DNA排序，是直到21世纪才确定的。和成长于20世纪后半期的我们这代人相比，成长于21世纪的人们有着巨大的差异，他们是最先从基因组视角看待人类、拥有基因组人类观的一代人。

在英语中，基因组（genome）是由基因（gene）和染色体（chromosome）合成的词语，意思是完整的遗传信息。人类的基因组分散在23对、46条染色体当中。顺便说一下，黑猩猩有24对、48条染色体。染色体中的遗传物质是脱氧核糖核酸，也就是DNA。遗传信息储存在DNA分子的碱基序列中，碱基共有4种：腺嘌呤（adenine，简称A）、胸腺嘧啶（thymine，简称T）、鸟嘌呤（guanine，简称G）和胞嘧啶（cytosine，简称C）。人类大约有30亿个排列在一起的碱基对，但这些碱基并非全都在发挥功能。在染色体上，有某些碱基序列构成了被称为基因的区域，像岛一样零零散散地排列着。基因区域内每三个碱基定义一个氨基酸，氨基酸排列起来构成蛋白质，蛋白质再集中在一起构成生物体。

完整的人类基因组测序已经完成，于2001年公开发表了概略版，完整版则于2004年公开发表。4种类型、大约30亿个碱基对的排列，便能够解读人类生物构成的全部遗传信息。研究表明，人类基因组共有两万多个。细菌里的大肠杆菌、植物里的拟南芥和动物里的家鼠，全部基因测序也已经完成。研究结果中令人惊异的一点是，人类的基因组并不比其他生命形式的碱基排列长很多，遗传基因的数量也并不比其他生命形式多。

虽然人类基因组测序算不上广为人知，但还有一个更冷门的知识，那就是黑猩猩的基因组测序也已经于 2005 年完成了。研究结果显示，黑猩猩的基因组也是由大约 30 亿个碱基对组成的，遗传基因的数量也大体和人类的相同。比较人类和黑猩猩的完整遗传基因，结果发现从 DNA 的碱基排列方式看，黑猩猩和人类的基因组大约有 1.2% 的差异；反过来说，大约 98.8% 都是相同的。

也就是说，黑猩猩是与人类有 98.8% 的共同点的生物。

日本猕猴完整基因的测序现在还在进行过程中，很快就会完成。猕猴属恒河猴的完整基因测序已于 2007 年完成。从 DNA 的碱基排列方式看，人类和猴子之间的差别大约是 6.5%。

试着把人类、黑猩猩和日本猕猴三者相比较，不论怎么看，大概都会觉得黑猩猩和猴子更像吧？但实际上，人类和黑猩猩更接近，而猴子则属于另一个不同的类群。

当然，三者曾经有过共同的祖先。可以推定，在大约 3000 万年前，从共同的祖先中分化出了猴子，在那个时间节点，人类和黑猩猩还是同一种生物。那种生物一直延续着种属的命脉，直到大约 500 万年前，人类和黑猩猩才朝着各自的方向分道扬镳。

21世纪是基因组人类观的时代。在黑猩猩完整基因组测序完成的前一年，水稻的完整基因组测序也完成了。人类、黑猩猩和水稻都有4种碱基排列的规律。令人吃惊的是，在水稻的完整基因组中发现的遗传基因，大约有40%都能在人身上找到。人和水稻也是相互关联的。

地球从诞生至今已有大约46亿年。据推断，生命诞生在大约38亿年前。在地球上诞生的生命，在漫漫的时间长河中不断改变着生命形态，但始终命脉相连。比较人类和黑猩猩的基因组，可以看出两者在遗传上极其相近，大体上是相同的生物。

进而言之，人类不仅和黑猩猩、猴子有关联，还和老鼠、水稻甚至樱树都一脉相承。通过对基因组的研究，我们能切实地感受到人类和樱树都是生物——这就是基因组人类观。

2

从幼到老

人类会共同养育后代

我从1986年开始研究野生黑猩猩，到西非几内亚一个叫作博所[①]的地方做野外研究。每年一次，从12月到次年1月，我差不多有一个月的时间研究生活在博所的野生黑猩猩。2010年是我进行连续调查的第25个年头。

博所的黑猩猩因使用石器而闻名。他们会用一组作为锤子和砧板的石头砸开坚硬的油棕果核，吃里面的果仁。

现在生活在博所的这群黑猩猩，共有13个。每一个都被我们取了名字，这样就可以进行长期的持续观察了，也可以详细地记录工具使用的实际情况。有关使用工具的话题我将在本书第5章详谈。

年复一年地对野生黑猩猩进行了25年的观察，我终于得以窥见黑猩猩的生命轨迹，也了解到黑猩猩的寿命最长大约是50岁。

这样说来，25年也只是黑猩猩一生的一半而已。

即便如此，对于生活在博所的黑猩猩，从婴儿到50岁的老者，我对他们的资料都进行了细致的收集、整理。25年间，我也算是把黑猩猩的一生看尽了吧。尽管现在博所研究群的黑猩猩只剩下13个了，但若是算上那些已经死亡的，以及离开这个族群而不知去向的，至今为止，我见到过的博所研究群的黑猩猩共有35个。

---

① Bossou是法语，目前翻译有博苏、波叟。本书翻译成博所，寓意为物产丰富的场所，是表达一种心愿，希望这个地方的各类物种继续丰富、繁茂。

接下来，我就和大家谈谈，通过自己长期持续的观察，得出的“什么是人类”的答案。

接触野生黑猩猩

非洲很大。把美国、欧盟各成员国、中国、印度和阿根廷全部加在一起，还没有非洲大。“非洲”不是一个一言以蔽之的词语。非洲涵盖从热带雨林到沙漠的各种地貌，居住着肤色各异、语言不同的人。我首先想要请大家了解的，就是非洲拥有无与伦比的多样性。

非洲北部有一片名为“撒哈拉”的辽阔无边的大沙漠。撒哈拉大沙漠的南边，沿着赤道，有一片广袤的热带雨林。就在那片热带雨林中和周边的稀树草原上，生活着黑猩猩。若以国家来说，东起坦桑尼亚，西至几内亚和塞内加尔，都是黑猩猩栖息的地方。

黑猩猩有 4 个亚种，分别为黑猩猩东非亚种、黑猩猩指名亚种、黑猩猩尼喀亚种和黑猩猩西非亚种。动物园里的黑猩猩大都属于黑猩猩西非亚种。我对黑猩猩西非亚种的研究就是在几内亚的博所这个地方进行的。

几内亚的国土面积大约相当于日本的三分之二。首都科纳克里位于西部。从科纳克里开始，跋涉1050千米，途经马木、法拉纳、恩泽雷科雷等城市，就能到达博所。距离相当于在东京和大阪之间往返，开车要花两天的时间。

这个国家缺乏公共交通设施，虽然有运输铝土矿的铁路，却没有搭载人的客车，连公共汽车也没有。那么人们使用的交通工具是什么呢?是一种叫作“丛林出租车”的小巴。幸好我们有自费购买的汽车，可以自己开车。

几内亚东南角有座叫宁巴的山脉，是西非的地标，就好像富士山之于日本一样。这座位于几内亚、利比里亚、科特迪瓦三国境内的山，是几内亚境内唯一的世界自然遗产，在科特迪瓦那一侧同样也是世界自然遗产。宁巴山脉位于森林几内亚[①]的核心地带，森林几内亚与刚果盆地相媲美，是研究生物多样性的热点地区，诸如尼日尔河这样的大河便发源于此。

从宁巴山脉的山脚稍微出来一点点，有一个叫博所的村子。村子周边有小山丘环绕，被森林覆盖着。

自1976年起，便有科学家在博所开始了连续调查工作。最初在此工作的科学家是曾担任过京都大学灵长类研究所所长的杉山幸丸。我是

① 森林几内亚位于几内亚的东南部。

第二个参与调查的研究者。从那时开始到现在，很多研究者都曾到博所和宁巴做研究。

这里和非洲其他调查点的不同之处在于：黑猩猩栖息在人口密集区域的旁边（见图 2）。博所村的人口大约为 3000 人，村子周边的森林里就栖息着黑猩猩。

博所的黑猩猩和其他地方的黑猩猩不同，被当地部落视为图腾，作为部落宗教信仰的对象而受到了保护。黑猩猩就是部落的守护神。这里的黑猩猩不是因为栖居在保护区，而是因为当地马诺人万物有灵的原始宗教信仰，才得到了保护。根据马诺人的宗教信仰，严禁猎食黑猩猩。

图腾是因构成村落的部落而异的。有的部落以黑猩猩为图腾，有的部落以狗为图腾，有的部落以黑猩猩和蜗牛为图腾，还有的部落以黑猩猩和狗为图腾。作为图腾的动物不可食用。当地人相信，如果吃了作为保护神的图腾动物，身上会长脓包或长疮。

最初建立博所村的左比拉族人，把黑猩猩作为图腾，因此他们不吃黑猩猩。据说在此之后建立村子的古米族人也是把黑猩猩当作图腾的，不会吃黑猩猩。

图 2　博所村的村貌（摄影：松泽哲郎）

虽然受到保护，但由于居住在人类的近旁，黑猩猩会把当地人作为经济作物的香蕉、木瓜、橙子、木薯吃掉，还会吃稻子。黑猩猩吃稻子的时候并不是吃有米粒的穗，而是啃食茎秆的部分。我自己也曾试着咀嚼过，会有淡淡的甜汁流出来，难怪黑猩猩喜欢。总之，这里存在着和日本猕猴的猴灾一样的问题：黑猩猩和村民间有冲突。

在黑猩猩的族群中，雌性到了适当的年龄，就会迁出族群。在博所，准确来说是 10 岁左右，也就是在产子之前或者生完第一个孩子之后，年轻的雌性黑猩猩就毫无例外地全都失踪了，恐怕是移居到附近的族群去了吧。

雌性迁出族群是避免近亲交配的自然法则。但是，我们并没有发现从其他族群迁过来加入博所族群的雌性黑猩猩。查阅过去 35 年的记录，竟然没有一个雌性黑猩猩迁入博所族群的例子。我想这也许是周围到处都有人类生活，黑猩猩的族群被孤立，其他族群的黑猩猩很难进入的缘故吧。

在博所村里，京都大学的研究设施和几内亚的研究设施比邻而建。几内亚的研究设施叫作博所环境研究所，由几内亚高等教育科学研究部管辖。这家研究所没有设在首都，而是设在世界自然遗产的山脚下，从这个意义上讲，是一家拥有非常独特职能的研究所。该机构的设立是希望日本和几内亚通力合作，研究以黑猩猩为首的动植物，推进环境科学。但以现状来看，尚未能达到期望中的状态。

25年前，在我开始调查时，这里连电都没有，到了晚上一片漆黑，只能听到咚咚的鼓声。"咚、咚、嗒、嗒、咚咚"，回响在非洲空旷无垠的黑暗中。这样的非洲森林风情，很快也将消失殆尽了。

过去，白天做完田野调查后，到了晚上，大家就在房间里的煤油灯下，一边整理当天的田野调查笔记，一边叽叽咕咕地小声说话。这种氛围也早已不见了。现在，只要发电机仍在运转，大家就全都面朝电脑忙活着，就好像在网吧里一样。近两年，手机普及起来，从日本打电话过来也变得很平常了。

从博所的森林出发，大约5公里开外，散布着稀树草原，还有先前说过的宁巴山的森林。宁巴山是几内亚唯一的世界自然遗产，且正处于危险的状况中。这座山实际上是一整块铁矿石，欧美及日本的外国资本为了把铁矿石运出去，正打算从山顶开始挖掘。这座山被指定为世界自然遗产这件事，根本没有起到什么作用。

从1999年起，宁巴山也成了我们的调查点。与博所的研究设施截然不同的是，我们在这里的调查点一直都和来非洲调查的最初时期一样，是用椰子叶柄搭建的小屋，里面有厨房，为研究者提供了做饭、住宿的场所。

直到最近，黑猩猩才渐渐习惯了人类。以前，一看到研究者的身影，他们就会立刻逃开。现在，也许是知道了并没有危险，黑猩猩不再逃开，而是待在那里不动。就这样，黑猩猩“与人打交道”的状态大有长进，研究者对他们进行了个体识别，还拍了照。

黑猩猩的生活

黑猩猩基本上是素食者。

他们主要食用果实、树叶的新芽、树皮、由树的汁液凝固而成的树脂，也会吃木瓜（见图 3），还会拔起人类种的木薯来吃。他们也吃香蕉，但和我们吃的所谓“果实”的部分不同，黑猩猩只吃藏在直径 20 厘米粗的香蕉树茎正中间、如人类小拇指粗细的软软的芯。

除此之外，黑猩猩还吃白蚁、蚂蚁等昆虫。博所的黑猩猩基本上都是素食主义者，唯一的例外是，他们会捕食体长大约 50 厘米、身上长满鳞片的名为穿山甲的动物。非洲其他地区的黑猩猩则会捕食猴子、鹿、野猪一类的动物，经常可以看到他们的肉食行为。

下面要讲的是黑猩猩在日常生活中使用工具的情况。

黑猩猩会使用分别作为砧板和锤子的石头来砸开油棕果核，还会捣椰子、钓白蚁、捞水藻，通过这些方法把食物弄到手。

图 3　吃木瓜（摄影：P. Gummy）

工具并不是偶尔才使用的稀罕玩意儿，对黑猩猩来说，工具是作为生存必需品而被经常使用的。根据灵长类学家山越言的研究，在一整年的觅食活动中，黑猩猩大约有 15% 的时间都是使用工具把食物弄到手的。

但是，不同的黑猩猩族群有着各式各样的不同工具，在使用工具方面存在文化差异。例如，博所的黑猩猩使用石器，而仅仅相隔 5 公里之遥的宁巴山脉的黑猩猩则不使用石器。我们曾在宁巴山做过野外实验，在地上放置了石头和油棕果核，并固定好名为“相机陷阱”（camera trap）的照相机，设置了自动拍摄的按钮，从而得以清楚地拍下来往的黑猩猩的样子。我们一直观察着他们，但他们一直没有用石头砸油棕果核。有关使用工具的文化，后文中还会详细介绍。

现在先说说黑猩猩是怎样用声音交流的。

“哈啊哈、哈啊哈、哈啊哈哈啊”，是玩耍时发出的笑声。露出牙龈发出的“嘎——嘎——”，是受到惊吓时的悲鸣。噘起嘴唇发出的“呼——呼——”，则表示心中感到不安，稍有点不安时就能听到黑猩猩发出这样的声音。

黑猩猩还会使用声音相互问候。看不到彼此的身影时，他们会朝远处的同伴发出“呼——、嚯——、呼——、嚯——、呼——、嚯——、呼——、嚯——、哇啊呜——嚯嚯嚯——”的声音。另一头的同伴则会大声地发出“哇啊呜——、哇啊呜——”的声音来回应。这叫作“气促高鸣”（pant hoot），是黑猩猩用于远距离打招呼的叫声（见图 4）。一旦听到声音，只要仔细辨别，根据声音传来的方向和距离，就能明白这是谁在哪个地方发出的。再回想一下发出声音的地方周边的样子，比如刚才经过那个地方的时候，有很多无花果的果实成熟了，这样就能明白对方一定是正在那棵无花果树上吃无花果。

图 4 发出气促高鸣，呼唤远处的同伴（摄影：P. Gummy）

近距离打招呼的时候，黑猩猩会发出一种叫作“呼噜低鸣”（pant grunt）的声音。地位低的黑猩猩靠近地位高的黑猩猩时，会低着头，弓着背，让自己体形看起来更小，并发出“咕、咕、咕、咕”的声音。作为回应，地位较高的黑猩猩则会伸出手，轻轻触碰对方的头或身体，就好像在说“好啊，乖”一样。通过观察肢体语言，就能确定黑猩猩的地位高低。

在吃东西的时候，黑猩猩则会发出“啊、啊、啊啊”的叫声，听到这个叫作“就餐呼噜”（food grunt）的声音，就知道黑猩猩在吃东西。

像这样不同的叫声种类，大概有 30 种之多。虽然无法和人类的语言相比，但是，黑猩猩之间确实存在着用声音进行的交流。

文化

显示黑猩猩之间存在文化差异的最明确的例子，就是先前介绍过的工具使用。

生活在坦桑尼亚贡贝的黑猩猩因钓白蚁而闻名于世。这是在距今半个多世纪前，由珍·古道尔（Jane Goodall）于 1960 年发现的。贡贝的黑猩猩会用细细的棍子插到白蚁塚里惊扰白蚁，引得白蚁过来咬住细棍，继而舔食细棍上的白蚁。

可是，博所的黑猩猩并不会钓白蚁。尽管博所这里有白蚁，也有白蚁塚，而且博所的黑猩猩也吃白蚁。白蚁的一生是这样的：从蚁塚里爬出来，羽化后四处飞散，翅膀掉落后又钻回地里生活。博所的黑猩猩只会捕捉从蚁塚里出来的白蚁，但不会钓白蚁。

顺便提一句，羽化后的白蚁对于人类来说也是美味。博所村的村民们也会去捡拾白蚁，在太阳底下晒干后食用，口感脆脆的，微微泛甜。

黑猩猩把蔓藤或者植物的茎秆插到白蚁塚中时，并没有亲眼看到白蚁。特地把“钓竿”从那个地方插进去，表明黑猩猩知道那里有眼睛看不到的东西。他们把“钓竿”放好开始钓白蚁，感觉差不多钓到东西的当口，便“嗖”的一下子拔出来舔食。像这样钓白蚁的行为，贡贝的黑猩猩会做，而博所的黑猩猩却从未有过。

另外，博所的黑猩猩会使用石器（见图5）。他们使用一组石头分别作为锤子和砧板，敲开油棕果核坚硬的外壳，取出里面的果仁来吃。

图5　使用砧板石和锤子石敲开油棕果核的博所黑猩猩（摄影：野上悦子）

贡贝的黑猩猩不使用石器。贡贝有油棕的果实，当然也有石头，但贡贝的黑猩猩不会用石头砸开坚硬的壳，取果核里的果仁吃。因为果核的仁藏在壳里，从外面看不到，所以我最初想：大概是贡贝的黑猩猩不知道果核里藏有好吃的果仁吧？

油棕又硬又大的果核周围包裹着红色的果肉，可以用来榨油，做成食用油。棕榈油不仅是非常重要的食物来源，还可以当作洗涤剂使用。不论是贡贝的黑猩猩，还是博所的黑猩猩，都会吃油棕果核外包裹的红色果肉。但是，博所的黑猩猩还会把坚硬的果核外壳砸开，取出里面的果仁来吃，而贡贝的黑猩猩则不会这样做。

这种情形和人类世界一样。日本人使用筷子吃生鱼片，但并不是所有的人类都用两根木棍做工具来吃生鱼。因地域不同，文化传统也不同，人们吃什么、使用什么样的工具之类都有不同的规定。我们渐渐了解到，黑猩猩的世界也存在着与此完全相同的情况。

我们还观察到了由于文化不同而使用不同声音进行交流的情况。

之前介绍过的近距离呼噜低鸣的打招呼方式，仿佛是每个黑猩猩与生俱来便会的；但是用于远距离打招呼的气促高鸣，却好像有几种不同的“方言”。

标准的气促高鸣听起来是“呼——、嚯——、呼——、嚯——、呼——、嚯——、呼——、嚯——、哇啊呜——嚯嚯嚯——”，实际上由四个部分组成。首先是“呼——、嚯——、呼——、嚯——”的前奏部分，接着是“呼——、嚯——、呼——、嚯——”愈来愈高的渐强部分，接下来是“哇啊呜——”的高潮部分，最后以“嚯嚯嚯——”作为尾声。完整的气促高鸣是由前奏、渐强、高潮、尾声四个小节一气呵成的。

但是，在其他地方，比如在乌干达基巴莱的森林里的黑猩猩族群，他们的气促高鸣没有中间渐强的小节，听起来是“呼——、嚯——、呼——、嚯——、哇啊呜——嚯嚯嚯——”。听说还有的黑猩猩族群的气促高鸣有前奏、渐强、高潮，但没有尾声。这就表明，不同的族群，声音不同。

用气促高鸣进行远距离交流，是不同地域的黑猩猩共有的、与生俱来的本能。但是，声音的模式以及如何组合，则存在因文化变迁而不同的可能性。

社会

黑猩猩是父系社会（这是第一种社会关系类型）。祖父、父亲、儿子留在族群里，而雌性到了恰当的时候就往外迁。她们大都会在 10 岁左右，身体发育到可以繁衍后代的时候，离开自己出生的族群。

为日本人所熟知的日本猕猴则是母系社会（第二种社会关系类型）。外祖母、母亲、女儿留在族群里，雄性到了恰当的时候迁出。因此，孤猴或离群的猴子都是雄性。

世界上大约有 5000 种哺乳类动物，基本上都是母系社会，如大象、狮子、长颈鹿等。父系社会的哺乳类动物很少。哺乳类动物里的灵长类，父系社会的也很少，只有黑猩猩、蜘蛛猴、红尾长尾猴和卷毛蜘蛛猴。

不论是父系社会还是母系社会，都是为了回避近亲交配而产生的自然法则。不管是雄性还是雌性，若是都不外迁，一律留在族群里，就会生下血缘相近的孩子，使得基因越来越接近。为了回避这样的情形，自然界里也只有三种方法：雌性外迁的父系社会、雄性外迁的母系社会，以及不分性别，雄性和雌性都外迁的社会。具体到每个物种，无非是选择其中哪一种方法罢了。

在灵长类里，长臂猿就属于第三种——雌雄都外迁的核心家庭社会。这样的社会模式由父亲、母亲和子女们构成，子女不论性别，长大后都要离开自己出生的族群。现代人类的家庭社会模式与此相近。

黑猩猩的社会形态为多夫多妻制，日本猕猴也是如此，但长臂猿却基本上是一夫一妻制。灵长类里还有其他不同的社会形态，比如说埃及狒狒，就是一夫多妻的后宫型社会。

由于黑猩猩是多夫多妻社会，站在婴儿的立场上看，妈妈是谁当然明白，但是搞不清爸爸是谁。于是就形成了这样的情形：族群里的成年雄性，究竟是自己的爸爸，还是哥哥，又或是叔叔、爷爷呢？之所以会这样，就是雄性全都留在族群里的缘故。

现在试着从成年雄性黑猩猩的视角来看：从其他地方来了年轻的雌性，和大家都交配了，因此，雄性不知道孩子是不是自己的。但是，小黑猩猩就算不是自己的孩子，也有可能是自己的爸爸生下来的与自己年龄差距较大的弟弟妹妹，抑或是自己的哥哥生下来的侄子侄女。虽然血缘关系有亲疏，却都是血脉相连。

站在孩子的视角看，虽然不知道谁是爸爸，但雄性都是像爸爸一样的亲人。也就是说，妈妈和“爸爸们”，这就是黑猩猩的社会构成形式。

这样的黑猩猩社会，大致是几十个个体的规模，偶尔也有很罕见的上百个个体的群体，但成员数不会上千，原则上是从几十到一百几十个个体生活在一个区域。与日本猕猴一群一群地游荡相比较，黑猩猩不以整群为单位活动，某一个区域内的地域性群体（族群）又会分成几个小团体（集团）活动。

集团可能只有一个黑猩猩，也可能包括全体成员。正如“三三两两”这个词语所表现的，黑猩猩三三两两地聚集在一起，又四分五裂地散开，集团成员时常变动。

在观察者眼中，集团的构成是不断交替变化的，成员来来往往。但是，如果回顾历史，历经长久的观察，就会发现某个区域内只会有特定的成员。那就是作为族群而存在的地域性群体。再放开眼光去看更广阔的地域，就会发现先前讲过的一个个团结一致的族群比邻而居。这些黑猩猩族群相互敌对、争斗，关系并不好，由成年的雄性黑猩猩负责巡视各自势力范围的边界。

从幼到老

在写作本书时[①]，博所族群最新出生的黑猩猩宝宝是 2009 年 11 月 18 日出生的乔德雅蒙。乔德雅蒙出生后不到一个月，我第一次见到了她。她的名字是用当地马诺语取的，意思是“希望”。刚刚生下来时，还无法分辨性别，直到 2009 年 12 月 24 日圣诞夜，我们终于知道了她是个女孩。但是非常遗憾，2010 年 6 月，她由于感冒后拖延日久，还没有来得及迎来 1 岁生日就夭折了。

乔德雅蒙夭折后，博所黑猩猩族群里年纪最小的是 2007 年 9 月 14 日出生的小男孩弗朗雷，他的母亲芳蕾也非常年轻（见图 6）。

---

① 本书日文原版于 2011 年出版，因此后续内容中所说的“现在”均指 2010 年前后。

图 6　弗朗雷（右）和他的母亲芳蕾（摄影：松泽哲郎）

从 1976 年开始到现在，研究者在博所历经 35 年的连续观察，整理出了黑猩猩族群的个体数量变迁（见图 7），最多的时候是 22 个，目前为 13 个。

2003 年年末，呼吸系统传染病（也就是流感）盛行，一年之间便有 5 个黑猩猩亡故，包括 2 个老奶奶、2 个婴儿和 1 个 10 岁的男孩。那次流感使得黑猩猩的数量骤然减少，现在才稍有回升。目前，这个黑猩猩族群正朝着“少子高龄化社会”发展——高龄黑猩猩的比例高，年轻的黑猩猩少。

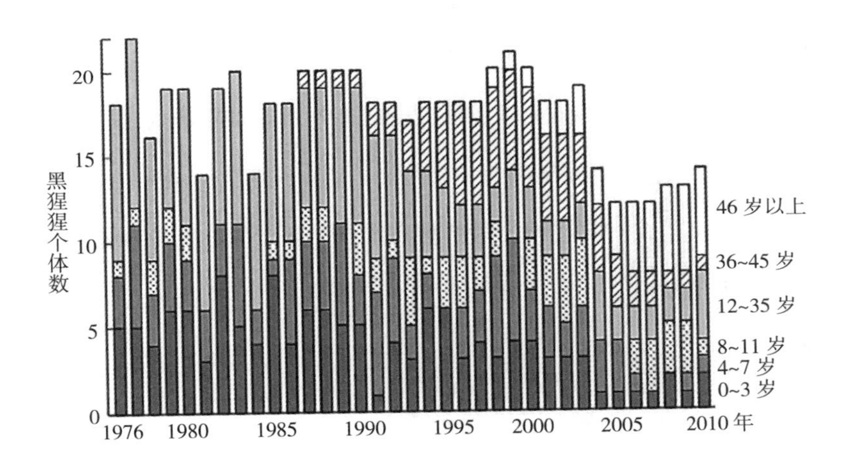

图 7　博所黑猩猩的个体数量变迁（每年 1 月 1 日的数据）

看着图 7，让人觉得不可思议的是：1976 年刚开始观察的时候，族群里为什么没有老龄黑猩猩？ 35 年间，最初就在族群里的 7 个雌性黑猩猩，接二连三地生了孩子，后来这些孩子有的死了，有的不知去向，也有活到现在还留在这里的。若是从性别来看，迁出族群的全都是雌性，也就是女儿，她们要么在生孩子前，要么在生完第一个孩子后便会离开；留在族群里的则毫无例外都是儿子。这就意味着博所的族群和其他黑猩猩族群一样，可以说是父系社会。但是，为什么观察刚开始的时候没有老年黑猩猩呢？这真是不可思议的事情。针对这一点，我试着做了如下的思考。

2003 年，呼吸系统传染病流行，导致黑猩猩中年长者和孩子的数量减少。因此，也许是在过去的某个时间，族群里也发生过类似的传染病流行事件，年长者全都死光了，使其变成了一个非常年轻的族群。这样的情形大概发生在 1976 年以前。和人类社会一样，各人有各人的寿命，族群也自有其寿命。现在博所的黑猩猩族群呈现出的，也许就是一个族群接近末期的状态了。仔细分析图 7 的统计图，总会让我为这个族群的未来而揪心。

长久以来，博所黑猩猩的雄性和雌性比例基本维持在 1∶2 左右，和其他黑猩猩调查点的数据相同。和人类一样，黑猩猩也是雄性寿命较短。虽然刚开始是 1∶2 左右，但是由于博所的黑猩猩族群没有从外面来的雌性，现在这个比例已经渐渐接近 1∶1 了。

“祖母”的角色

由于黑猩猩的寿命很长，要描绘出他们生活史的全貌需要花上很长的时间，存活率、出生率等基础数据也难以收集齐全。到 2010 年为止，珍·古道尔的连续调查刚好已满 50 年，我自己的连续调查自开始时算起也有 25 年了，我们终于弄明白了黑猩猩到底能活多少年、雌性黑猩猩能生孩子的年龄到几岁为止。在非洲，包括博所在内的长期调查点总共有 6 处，共观察到 534 例分娩，构成了基础数据。

在图 8 中，从左上到右下的虚线表示存活率，右侧的数值表示在对应年龄层存活下来的个体与出生个体总数之间的比例。随着年龄的增长，存活率渐渐降低。在最初的 0~4 岁，存活率为 0.7，表明到 4 岁为止，有 30% 的个体都死亡了，婴幼儿的死亡率非常高。存活率在 50 岁时已基本为 0，表明这是黑猩猩寿命的极限。

图 8 中的实线表示分娩率，左侧的数值表示一个雌性在一年里会生多少个孩子。基本上，雌性黑猩猩从 10 岁开始可以生育，到了 40 岁左

右还在继续生育。分娩率的坡度有如一座小山，峰值约为 0.2。也就是说，一个雌性平均每 5 年分娩一次。过了 10 岁之后，她们一般从 15 岁左右到 44 岁为止，以每 5 年一次的间隔生育，即使活到 50 岁，也在继续生孩子。这里的要点是：雌性黑猩猩直到死亡都在持续生育。

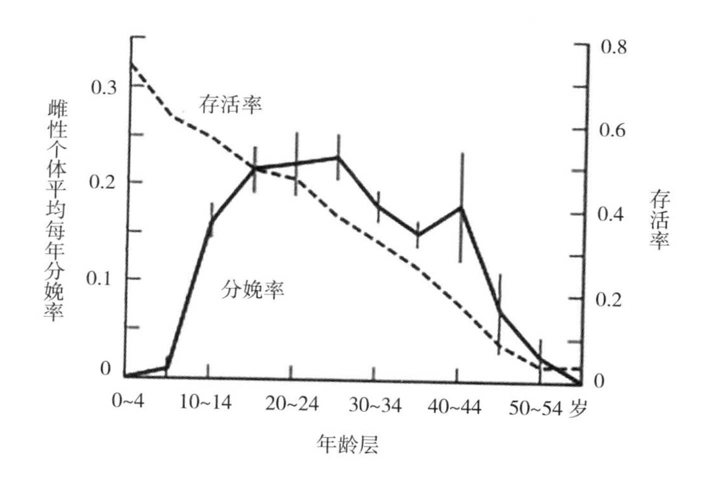

图 8　野生黑猩猩的分娩率和存活率

黑猩猩族群里也有年老的雌性。图 9 就是推断年龄为 53 岁的雌性黑猩猩卡依，她有着一张饱经风霜雪雨的惊人面孔。但是，黑猩猩里并没有祖母这一角色。所谓祖母，就是妈妈的妈妈，是自己已经不再生孩子，只负责照顾孙辈的角色。在黑猩猩中没有担当这一角色的年长雌性。

图 9　推定年龄为 53 岁的卡依，于 2003 年传染病流行中去世（摄影：大桥岳）

为了比较，让我们一起来看看人类的分娩率和存活率（见图 10）。布须曼昆族人居住在非洲南部的博茨瓦纳，阿契人居住在南美洲中南部的巴拉圭，二者都是以采集狩猎为生的民族。两族的数据都显示，存在一个 50 ～ 60 岁的年龄段，虽然还活着，但已经不生孩子了。

因此，从女性分娩率和存活率数据来看，人类和黑猩猩有明显的差异。从女性生活史的角度来思考“什么是人类”这个问题，答案是：黑猩猩的世界里没有祖母这个角色，而人类世界里有。

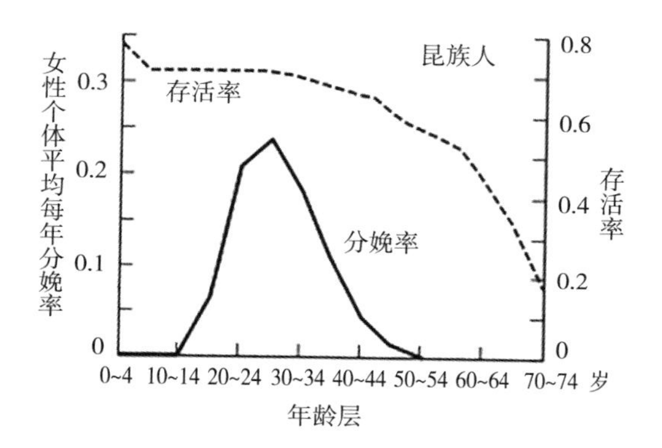

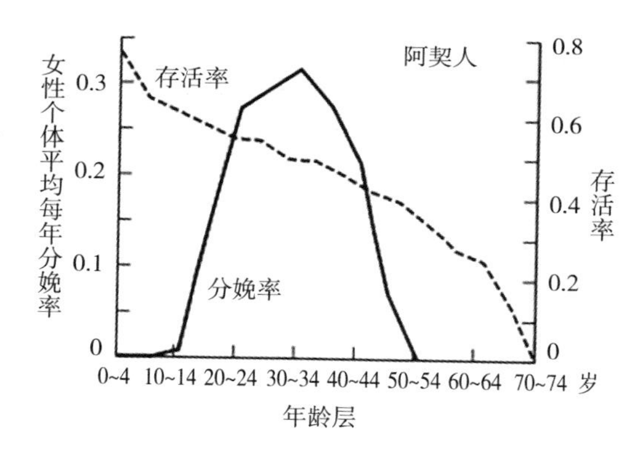

图 10　以采集狩猎为生的昆族人和阿契人的分娩率和存活率

昆族人数据来源：Howell(1979), *Demography of the Dobe !Kung*, Academic Press
阿契人数据来源：Hill & Hurtado(1996), *Ache Life History*, Aldine de Gruyter

当然，也有例外情况。博所村有时也有身为女儿的黑猩猩生了孩子后，仍不离开族群的情况，在这种时候，我也观察到了明显是祖母在照顾孙儿的情形。比如说，贝尔曾照顾过女儿布亚布亚的孩子贝贝，凡娜曾照顾过女儿芳蕾的孩子弗朗雷。

经常看到这样的情形：在妈妈使用石器砸油棕果核时，抱在胸前的黑猩猩宝宝显得碍手碍脚，那个孩子便会时不时地离开妈妈，到祖母那里去玩耍。也就是说，祖母会负责哄孩子。少了孩子纠缠的妈妈，痛快地砸着油棕果核。确实，这样一来砸开油棕果核的效率肉眼可见地提高了。

显而易见，祖母的存在是有帮助的。孩子从妈妈那里走开，使得妈妈使用石器的效率提高了。而且，也有祖母把孙儿驮在背上，把孩子带走的情形。大概可以这么说：在博所的这个黑猩猩族群里是有祖母这个角色的。

但从整体来说，这样的情形在黑猩猩中非常罕见。为什么呢？因为年轻的雌性黑猩猩会离开族群往外迁，所以对于年长的雌性来说，从一开始就没有机会照顾自己女儿生下的孩子。而儿子的“新娘”是从外面的族群迁入的，“婆媳”之间的关系并不亲密，所以对那个雌性生下的孩子，也就是自己的孙辈，她们也就疏于照看了。

黑猩猩如何育儿

以存活率和分娩率来总结，黑猩猩抚养孩子有三个特征。

第一，雌性黑猩猩大约每 5 年生一个孩子。因此，没有年纪相差一岁或者两三岁的儿女。黑猩猩不会像人类那样，拥有年龄相近的兄弟姐妹。

顺便提一句，虽然根据民族的不同会有所差异，但是人类平均大约 100 例中有 1 例双胞胎。而黑猩猩的双胞胎，在几百例中可能只有 1 例，而且即便生了双胞胎，要把两个孩子都养大也是非常困难的。

第二，黑猩猩的哺乳期很长。小黑猩猩从出生到 4 岁左右，一直吸着妈妈的乳头。但这并不意味着在此期间，小黑猩猩全靠乳汁生长发育。从营养的角度来看，宝宝出生后大约半年，对固体食物的摄取就变得比乳汁更重要了。但是，由于宝宝一直在吸，便一直会有乳汁分泌。

雌性哺乳期间，惯例是月经停止，也不排卵。哺乳结束后，由于激素的缘故，月经周期再度恢复，此时发生性行为的话就会怀孕。从妊娠到生育的生理机能，人类和黑猩猩大体相同。人类出生时的体重大约为 3 千克，黑猩猩出生时则是略低于 2 千克。再者，人类的妊娠期是大约 280 天，黑猩猩则需要大约 240 天。

第三个特征是黑猩猩妈妈独自抚养孩子，换句话说，黑猩猩妈妈是

“全职工作的单亲妈妈”。而黑猩猩爸爸则几乎完全不参与对孩子的抚养。雌性大约 5 年生育一次，经过很长的哺乳期，独自抚养孩子，在孩子 5 岁独立后，再生第二个孩子。这就是黑猩猩的育儿模式。

了解了黑猩猩的模式后，人类抚养孩子的特征就很明显了。我们往往把育儿视作理所当然的事情，因此意识不到人类育儿的特征。与黑猩猩比较后，其间的差异让人惊讶不已。其一，人类在生育后，只要宝宝断奶就能继续生下一胎。而且除了母乳之外，我们还会给孩子喂特定的食物，以便尽早断奶。因此，人类能很快生育下一个孩子。其二，人类母亲并不是“全职工作的单亲妈妈”，除了母亲之外，其他人也会参与抚养孩子。

爸爸的作用

黑猩猩爸爸虽然基本上不参与抚养孩子，但也并不是完全置身事外。黑猩猩爸爸的角色可以说是“心灵支柱”。爸爸的存在支撑着妈妈和孩子的心灵。

这个所谓的“心灵支柱”到底是怎么回事呢？具体而言，就是抵御外敌入侵。首先要说的是，在黑猩猩的族群里，有妈妈和“爸爸们”，爸爸是一个由多个个体组成的集团，保护着妈妈和孩子们。族群与族群之间存在竞争，甚至可能发生相互厮杀的情况，也就是爆发战争。在此期间，爸爸们负责防御外敌入侵。

因此，黑猩猩爸爸不会说着“来，吃这个”，把食物递过去，也不负责提供生活资源。虽说黑猩猩爸爸不做诸如此类的事情，但从广义上讲，黑猩猩爸爸也参与了对孩子的抚养：他们保护着妈妈和孩子们。

实际上，有雄性在场，的确会让黑猩猩感到安心。我们作为观察者，没办法一直混在黑猩猩族群中，让自己完全消失，要建立起让野生黑猩猩完全无视我们存在的关系是很难的。由于这个缘故，观察者自身的存在也会影响到被观察的对象——黑猩猩的行为。简而言之，被观察的黑猩猩会感到害怕。但是，遇到这样的场合，若有身强力壮的成年雄性在场，雌性和孩子便会在行为上表现得更加大胆。

从这个意义上讲，成年雄性当仁不让地是孩子的“爸爸们”，他们是黑猩猩宝宝的心灵支柱。

共同育儿的人类

与黑猩猩抚养下一代的方式相比，人类的特征是什么呢？

很明显，除了母亲之外，还有很多人也会帮忙抚养孩子。首先是作为伴侣的父亲；其次是祖母，也会帮着照看孩子；祖父虽然没有祖母参与得那么多，但多少也有所帮助；接下来就是叔叔婶婶、兄弟姐妹等；还有些帮手是没有血缘关系的人。

黑猩猩抚养后代，是每位妈妈一次独立带一个孩子，孩子长大后，再接着生育、抚养下一个孩子。人类育儿则是在孩子独立之前，一个接一个地生孩子，相关的人们共同抚养孩子。

事实上，这也就是人类女性隐藏排卵生理周期的原因。黑猩猩的排卵期可以通过粉红而肿胀的臀部看出来。由于通过外表就可以明确地看到，可以说是在积极地宣告："我正处在排卵期。"而人类女性的排卵期从外表是看不出来的。

如果人类女性排卵也像黑猩猩一样，让周遭的人都一目了然，男性会怎样做呢？就男性而言，要是能让多个正处于排卵期的女性同时怀孕，就会使得繁殖成功率上升。但是这样一来，女性就麻烦了。

原因在于，人类女性是一个接一个地生孩子的，没法一个人抚养那么多孩子。如果像黑猩猩那样，做全职工作的单亲妈妈，没有男性帮忙也可以；但如果接连不断地生育，自己一个人是无法抚养孩子的，没有配偶的帮助根本不行。

因此，隐藏排卵期是为了获取配偶的帮助，刻意营造出"如果不把心思全都放在我身上，我就会生下别人的孩子哦"这样的声势。如果男性和其他女性生孩子，那么作为女性的对策就是怀上别人的孩子。用生物学的语言来表述，就是配偶守护（mate guarding），也就是说男性必须时时看紧自己的另一半。这样双方才能结成伴侣。在黑猩猩中看不到这样的情形。人类世界的显著特征就是男女结成牢固的一男一女的关系纽带。

在灵长类中，黑猩猩属于多夫多妻或者混交（也许表述不太正确），没有相对固定的配对；人类特定的一夫一妻制是进化而来的，这也解释了人类会接二连三地生孩子的生理特点，答案就在先前讲过的生活史里。

人类的体形比黑猩猩大，但黑猩猩婴儿出生时的体重是不到 2 千克，人类婴儿出生时则是大约 3 千克。所以，人类抚养子女的时间会更长。黑猩猩宝宝独立需要 5 年，人类的孩子则要稍微长一些，要花 7 ~ 8 年。假如人类从十七八岁开始，每隔 8 年生一个孩子，也就是在 18 岁、26 岁、34 岁、42 岁生育，到了 50 岁就很难再生了。这样一来，一个女性一生就只能生下 4 个孩子。若是和野生黑猩猩一样，婴幼儿的死亡率高达三成，那么就只有 2.8 个孩子能够存活下来，这样一来，整个物种的生存就很危险了。

既然生理机能不变，妊娠时间不缩短，抚养子女所花的时间也不能减少，那么人类抚养后代的模式就只能进化成这样：早早地让婴儿断奶，恢复妈妈的月经周期，尽早地怀孕生出下一个孩子。而如此选择的代价便是，需要有额外的帮手来照顾孩子。

为了多生育几个孩子，才形成了一夫一妻的伴侣组合。另外，由于寿命的延长，生育期结束之后的时间延长了，于是就有了祖母这个角色，让除了母亲之外的人也参与抚养，大家一起照顾孩子。我们可以认为，人类就是如上所述，经历漫长的时间进化而来的。

人类女性由于受到养儿育女的制约，进化成了会深深地爱着某个男人；人类男性由于配偶守护的机制，也因此进化成了会深深地爱着某个女人。

也可以说，基督教结婚仪式的誓言表现出了人类男女结成夫妻的生物学真理："我愿意她（他）成为我的妻子（丈夫），从今天开始相互拥有、相互扶持，无论喜悦还是苦难、富裕还是贫穷、疾病还是健康，都彼此相爱、珍惜，直到死亡将我们分开。"

一言以蔽之，"两人是否真心相爱"这句话所蕴含的意思，其实是在询问：两人是否已经有了觉悟，要携手养育孩子了呢？

什么是人类？答案就是"共同抚养后代"。共同抚养后代正是人类的育儿方式，也是人类真正的亲子关系模式。接下来我会讲到，正是共同抚养形成了教育的基础。针对"什么是人类"这个问题，如果从生活史和亲子关系的角度总结，答案就是共同养育、共同成长。共同育儿是人类的特征。

3

亲子关系

人类靠微笑和对视发展亲子关系

被妈妈抱着时，婴儿的心情很好，会和妈妈目光相对，相互凝视。妈妈若面露笑容，婴儿也会回报以微笑。过了一会儿，婴儿开始闹腾，妈妈就给婴儿喂奶。等到婴儿吃饱喝足，就开始打瞌睡。妈妈在叠衣服时，会把孩子放在目光所及的范围内，一边发出声音哄孩子睡觉——“妈妈在这儿呢”，一边动手叠衣服。

这就是我们司空见惯的亲子关系。虽然这一切看起来全都是理所当然的，但是至少要经历 5 个层次的行为进化，这种人类亲子关系才能够出现。下面我就和读者谈谈亲子关系的进化。

亲子关系的进化之路

以进化的观点看待亲子关系，结果也许会非常令人意外。可以说在一般情况下，大多数动物的父母不养育孩子，即父母并不对孩子进行投资。

鱼产下鱼卵后，就任其自生自灭（这里姑且不论有些极特殊的例外情况，比如有的鱼会将幼鱼含在口中孵育）。青蛙同样不会抚养蝌蚪，也是产下后任其自生自灭。不论鱼类还是两栖类动物，基本上全都是不对孩子做投资的。

但是，爬行类动物的一小部分、鸟类和哺乳类动物有育儿行为。鸟类会用体温孵化鸟蛋，给雏鸟喂食；哺乳类会给幼崽喂奶。可以这么说，现存的大约 5000 种哺乳动物、1 万种鸟类、数千种爬行动物的共同祖先——恐龙，大约在 3 亿年前就开始了抚养孩子的行为。有种说法是恐龙会通过加温孵化恐龙蛋。

地球的历史有46亿年，生命的历史有38亿年。从这个角度考虑，直到最近，父母才开始对孩子进行投资。亲子关系相对来说是最近才进化出来的。

喂孩子吃母乳，其中所蕴含的意味难道不是很伟大吗？这可是在用自己的体液给孩子提供食物。以母乳喂养孩子的只有哺乳类动物。大约6500万年前，恐龙在地球上灭绝了，各种各样的哺乳类动物逐渐走向繁荣，以母乳喂养孩子的亲子关系模式也变得普遍起来。

抓着妈妈的孩子和抱着孩子的妈妈

走在街上时，妈妈把孩子抱了起来，这是我们司空见惯的情景，也是哺乳动物中灵长类特有的亲子模式。小狗不会紧紧地抓着狗爸爸或狗妈妈，猫妈妈也不会抱着小猫咪。

哺乳动物的共同祖先出现在恐龙还活着的时代，是生活在陆地上的夜行性小动物，类似现在的老鼠。由于它们在夜间生活，色觉也就变得没有必要了。

猴子是昼行性的，在树上生活，由于要从一棵树移动到另一棵树，渐渐进化出色觉和能够分辨景深的视觉，接着还进化出了手用来抓握东西。看到黑猩猩的脚，你会说他的脚像手一样（见图 11）。黑猩猩就是用这样的脚握住东西的，这是对树上生活的适应。不只是抓着树，有了这双“手”，孩子便可以紧紧地抓着父母，父母也能紧紧地搂着孩子。

确切地说，孩子紧紧抓着父母的情形出现得更早，之后才有了父母

图 11　黑猩猩的脚（提供：每日新闻社；摄影：平田明浩）

抱着孩子的行为。原猴中就有些种类，只有孩子紧紧抓着父母，新大陆猴[①]也是如此，父母并不会抱孩子。妈妈抱着孩子的行为，仅限于高等灵长类。

请看原猴中的环尾狐猴的亲子关系：孩子紧紧地抓着妈妈，而妈妈却不会抱着孩子。至于日本猕猴，虽然不能说是妈妈紧紧地抱着孩子，但的确是会抱的。黑猩猩则属于大型类人猿，妈妈会紧紧地抱着孩子（见图 12）。

相互凝视

日本猕猴的亲子间不会相互凝视。看照片就会明白，日本猕猴的孩子紧紧地贴在妈妈胸前，亲子之间没有办法相互凝视。母婴之间若是不保持一定距离，就无法面对面地看着对方。人类和大型类人猿属于人科，只有人科才会相互凝视。

黑猩猩不仅会抱着孩子，还会和孩子玩“举高高”的游戏——刻意把孩子举得离开自己的身体，面对面地相互凝视对方：“举高啦，举高啦！”（见图 13）

---

① 旧大陆猴与新大陆猴是按照分布来划分的。近现代的科学分类法源于欧洲，欧洲人把已知的、熟悉的大陆称为旧大陆，如亚洲、非洲，而把哥伦布发现的美洲称为新大陆。因此在亚欧大陆和非洲大陆发现的类群叫作旧大陆猴，在中南美洲发现的类群则叫作新大陆猴。

图 12　环尾狐猴（左上）、日本猕猴（右上）及黑猩猩（下）的亲子关系

（摄影：左上——松泽哲郎，右上——广泽麻里，下——落合知美）

图 13　黑猩猩妈妈和孩子玩“举高高”（摄影：落合知美）

难以躺平的小黑猩猩

这是在 20 年前人工养育黑猩猩宝宝时发生的事情。

把小黑猩猩仰面朝天放平后，宝宝慢慢地举起了右手和左脚，过了一会儿，又换成举左手和右脚。当时，人们还不明白小黑猩猩的这个举动到底意味着什么。后来人工养育猩猩的时候，研究者惊异地发现小猩猩也有同样的举动：总是举起相反两侧的手和脚（见图 14）。

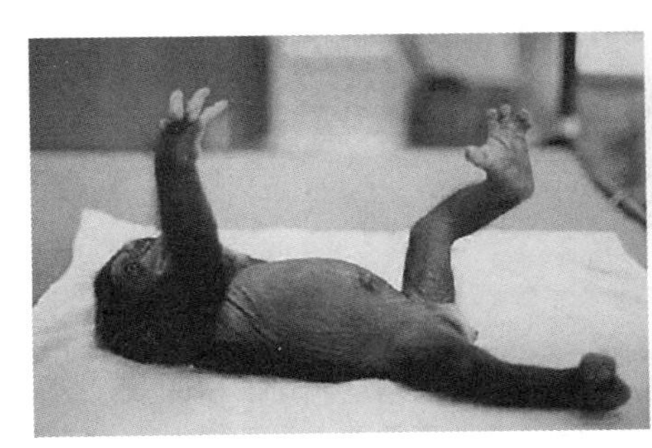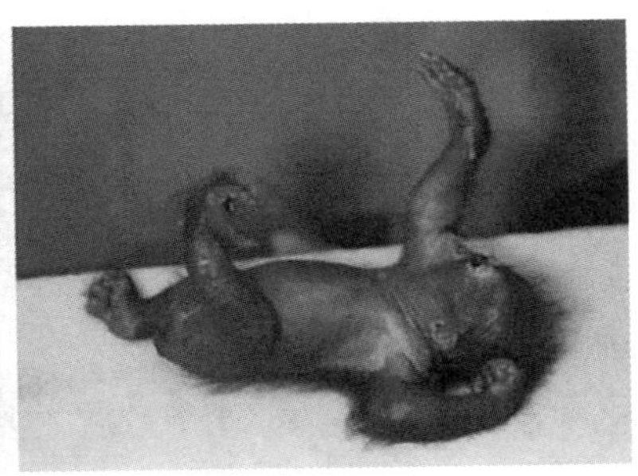

图 14　仰卧的小黑猩猩（左）和小猩猩（右）（摄影：竹下秀子、松泽哲郎）

现在，我们已经弄明白了这种行为所表达的意义：因烦躁不安而挣扎。这些宝宝正处于本应该攀附在妈妈身上的年龄阶段，必须和妈妈待在一起。他们一出生就具有紧紧地抓着妈妈、寻找乳头然后吸吮乳汁等一连串的本能行为。本应是攀附在妈妈身上的年纪，却硬生生地被分开，所以他们会伸出手脚，去试探“有没有什么可以抓的东西”。

小黑猩猩出生后 3 个月内，一直牢牢地攀附着妈妈，基本上一天 24 小时都不分开。处于这样阶段的宝宝，若硬生生地使之母子分离，带去做实验，会发现他们在出生后的前两个月里，只会伸手伸脚，表现出想要伸手去抓什么东西的样子。接着，2 个月大之后，他们从伸手伸脚的状态一骨碌，变成了趴着的姿势，也就是学会翻身了。翻过身来趴着，肚子终于能接触到东西了，这种感觉与攀附在妈妈身上的感觉更接近，这让他们好像多多少少安心了一些。

若是换了日本猕猴，生下来就具有翻身爬起来的生理反射，哪怕仰面朝天躺着，也会一骨碌翻身，变成俯卧的姿势。对日本猕猴来说，仰面朝天的姿势是无法保持安定的。

小黑猩猩大约要 4 个月后才会用四足站立。先是俯卧，让肚子贴着地面，接着伸展四肢，站立起来。学会这个姿势之后，他们才会自发地离开妈妈，独自站在地面上。

仰面朝天是人类进化的原点

人类婴儿为什么胖嘟嘟的

如果看惯了人类之外的灵长类婴儿，你会发现人类婴儿格外地胖，因为人类婴儿身上大约有 20% 的脂肪。小黑猩猩只有 4% 的脂肪，成年黑猩猩也只有 5% ~ 6% 的脂肪。在人类中，即使是经过锻炼的职业运动员也有大约 7% 的脂肪，不管如何锻炼，运动员也无法达到黑猩猩的体脂率。这大概是因为黑猩猩需要身轻如燕地在树上活动，过多的脂肪就会变成额外的负担吧。

人类婴儿为什么被脂肪包裹着呢？能想到的理由有两个。

第一，由于人类有一个很大的大脑，大脑的能量消耗在人类的内脏器官中大约占了四分之一。为了给这个巨大的脑供应养分，要么得一直不停地吃，要么就只有把能量以脂肪的形式储存起来。

第二，脂肪是人类对抗寒冷的方法。被妈妈抱着的小黑猩猩很暖和，所以只需要4%的脂肪。

森林里其实很温暖。热带森林的树冠遮挡了太阳直射的光线，升温和降温都很难。非洲旱季（冬季）的森林好似初夏的北轻井泽[①]，最高气温27～28摄氏度，最低气温21～22摄氏度，非常干燥，气候爽朗。然而一旦出了森林往村子里走，到了没有植被、被太阳暴晒的地方，最高气温可达35摄氏度，最低气温则是13摄氏度左右，有超过20摄氏度的日较差[②]。大地容易升温，也容易降温。

人类走出森林迁到稀树草原，在稀树草原找寻各种各样的食物。那时候，人类不得不在相当广阔的范围里来回活动，必须双足直立行走来提高效率。由于还要同时照顾好几个孩子，不可能全都抱着，人类就会把孩子放到地上。

在森林中，有着细微的温度差异，被称为微气候。根据竹本博幸在博所的研究，由于温暖的空气上行，地表以上10米会比地表的温度高1摄氏度。因此，黑猩猩在高处搭床睡觉，虽然也有躲避捕食者的意思，但大概也是不喜欢清晨的骤冷吧。

但是，人类只能在地面上睡觉，连婴儿睡觉时都要放在地面上。在

---

① 北轻井泽位于日本群马县西部、长野县南部，是海拔1200米的辽阔高原地带，也是著名的避暑胜地，有众多知名温泉。

② 日较差（daily range）指的是一天中气温最高值与最低值的差。

这样冷飕飕的地面上，身体为了保持温暖，就必须充满脂肪。

可以认为，人类婴儿胖嘟嘟的缘由一是脑容量大导致耗能多，二是为了适应稀树草原上的生活。

躺姿的重要性

那么，安稳地躺着这个姿势，会给人类带来什么样的变化呢？有三方面的重大变化。

第一，大大增加了亲子间相互凝视、微笑的机会。由于婴儿的身体离开了母亲，母亲便可以看着婴儿的脸，目光彼此交汇。人类婴儿不仅被母亲看，还被父亲、祖父母、兄弟等周围的人打量，只有仰面朝天的姿势，脸才能被人们看到。

第二，形成用声音交替进行交流的状态。婴儿夜啼是人类独有的，黑猩猩不会夜啼，因为黑猩猩的妈妈就在身边，没有必要用哭声呼唤妈妈，如果饿了想喝奶，也可以自己找到乳头吸吮。人类的亲子在物理空间上是分隔开的，婴儿如果不发出声音哭泣，妈妈就不会过来，即便是伸手召唤也没用。妈妈这边也一样，会对婴儿说："宝宝，稍等一下哦。"自从婴儿出生开始，母婴之间就这样来来回回地进行交流。人类的语言，就是这样通过声音的相互交流应运而生的。

出生后大约2个月的婴儿，会发出“啊——”“呜——”等长音；而小黑猩猩并不会发出这样拖长的声音。人类婴儿发出的“啊——”“呜——”，不久便发展成了“啊——呜——”两个音节。接下来，不仅会发出“叭——叭——叭——叭——”“啵——啵——啵——啵——”这种连续的声音，而且还会发出“叭——啵——叭——啵——”这样组合的声音，这也可以被称为喃喃自语的发声。

人类婴儿在5 ~ 6个月大的时候开始出现喃喃自语，再经过大约半年，便会发出含有多种多样音素的声音。1岁左右的时候，人类的孩子就能用双脚站立，同时开始说话了。

第三，作为最重要的一点，仰面朝天躺着的时候，手是自由的。在这种姿势下，背部支撑着体重，所以婴儿从出生开始，双手就是自由的。自由的双手不仅可以抓着妈妈，还可以抓各种各样的东西。

人类在大约7 ~ 8个月大的时候开始学爬，在此之前则是以仰面朝天的姿势躺着。多亏了这样的姿势，婴儿从2 ~ 3个月大的时候开始，就可以用手抓东西。小黑猩猩还处在紧紧抓着妈妈的阶段时，人类婴儿已经开始用手摆弄东西了。

把黑猩猩婴儿和人类婴儿进行比较，首先注意到的是：只有人类才会那么早就用手“哗啦哗啦”地摇拨浪鼓，抓着橡皮奶嘴等各种各样的物件，或是用嘴含着东西，再换手去握东西。这样的行为是人类孩子特有的，黑猩猩根本没有。黑猩猩宝宝只会拼命地攀附在什么东西上，不会那么早就摆弄物件。只有人类在出生之后，双手就是自由的，早早地就开始摆弄物件。仰面朝天的躺姿为此提供了前提条件。

那么，为什么人类婴儿需要采取仰面躺着这种姿势呢？正如前文所述，人类和黑猩猩的生活史有显著差异。黑猩猩每 5 年生一次孩子，生下来之后精心抚养。如果人类的生育和抚养方法与此相同的话，就必须间隔 7 ~ 8 年生一次孩子，才能把孩子养到基本能够自理。这样一来，人类就无法生下数量足够多的后代了。因此，人类采用了和黑猩猩不同的育儿方法，一个接一个地让孩子早早断奶，并请来帮手同时照顾几个孩子。就是出于这个缘故，能仰面朝天安稳躺着的孩子才算是乖宝宝。

乖乖仰面躺着的人类宝宝非常可爱。包括人类在内，凡是父母会照顾孩子的动物，幼年时全都长着可爱的样貌，以获得父母的关爱。人类婴儿格外可爱，格外惹人怜。人类婴儿很喜欢微笑，明明没必要微笑时，也一直笑眯眯的。正是因为婴儿不仅需要母亲，还需要父亲、祖父、祖母、叔叔、婶婶等所有人的照顾，因此，人类宝宝才进化成了乖乖地仰面躺着、露出惹人怜爱的微笑这般模样。

到底什么是人类呢？

人类的定义是“能双足直立行走的猿”。但是，到底是什么特性让人成为人？到底是什么契机使得人类演化成这样一种有心智行为的动物？我逐渐开始认为，这个契机就是：从出生后，人类婴儿就和母亲分离，安稳地仰面朝天躺着。

我们平时在街头巷尾听到的，都是人类直立行走的假说：人类曾经是四足行走的动物，后来站了起来，双手获得了自由，开始用手拿各种东西，制造工具，从而促使脑容量增大，最终产生了人的智力。也许有很多人都单纯地相信这个说法。

但是，看看黑猩猩的脚就明白了。灵长类并不是四足动物，它们其实有四只手。以前对灵长类的旧称是“四手类动物”，因为在哺乳类中，有四只手的就只有猿和猴。也就是说，并不是四足动物直立起来，以双足站立后，才有了手这个器官，它们从一开始就有四只手。

“人类是四足动物站立起来而变成两足动物”的说法绝对是错误的。请试想一下日本猕猴的姿态。当它们用四只脚行走的时候，躯干是水平的；停下来休息时，就会用两只脚站起来，身体直立。也就是说，在进化到双足直立行走之前，灵长类的躯干就已经是直立的了。爬树的时候，躯干必须直立，支撑体重的肢体是脚，手在那时就得到了自由。日本猕猴的手能熟练地抓取大豆、麦子等食物。

我们通常会把猴子视为和狗一样的四足动物，狗在跑的时候就好像汽车的前轮驱动，而猴子在跑的时候则好像后轮驱动。为了适应树上的生活，灵长类拥有了四只手。后来，日本猕猴等灵长类变得也会在地面上活动了，四肢虽然形状相似，但是活动的功能不同，于是手脚开始分化。人类离开森林，开始在稀树草原上谋求生存，可以说更是加速了手脚分化倾向的发展。

人类并不是因为站起来而获得了双手，而是为了站起来而获得了双足。足是不抓握东西的四肢末端，靠双足行走才是人类的特质。

人类自出生起便母子分离，让婴儿仰面朝天、安稳地躺着。这个姿势便于母婴之间相互凝视、相互微笑，支持视觉交流；也推进了双方用声音沟通，支持听觉的交流。在此之后，婴儿渐渐发出一串串的声音。自出生以来，仰面朝天躺着的姿势就能让婴儿腾出双手，自由地摆弄物件，再发展到能将各种工具组合在一起。这绝对不是四足动物因为双足直立，从而得以腾出双手自由地拾取物件。人类要到 1 岁左右才会双足站立。

人类并不是长到 1 岁以后才成为人类的，而是一出生就具有人类的特征了。人类出生后，相互凝视、相互微笑、以声音交替传递信息、用空闲出来的双手拿东西。我认为，人类就是以这样的存在形式诞生到这个世界上的。这不是学术界公认的假说，只是我和我的研究团队等极少数人的想法，仍处在我们极力宣扬自己主张的阶段。但是，渐渐也有人知道了还有“这样一种说法”。

最早发现人类仰面朝天躺姿重要性的人并不是我，而是和我共同开展研究的竹下秀子教授。若大家对此感兴趣，敬请阅读她的著作《婴儿的手和目光：语言的诞生演化之道》。

总结前文，人类亲子关系的进化基础如下：

· 哺乳类——母乳喂养

· 灵长类——孩子紧紧地抓着母亲

· 旧大陆猴——母亲抱着孩子

· 人科——相互凝视

· 人类——亲子分离，让孩子仰面朝天、安稳地躺着

经过以上 5 个阶段，“父母照顾孩子”这种抚养孩子方式的内涵，随着进化发生了变化。在哺乳类中只有灵长类会紧紧地抓着母亲，在灵长类中只有属于旧大陆猴的日本猕猴、黑猩猩和人类的母亲会抱着孩子，在类人猿中只有人科会相互凝视，而在人科中只有人类亲子分离，让孩子仰面朝天躺着，保持安定。

由此，人类与其他人、其他事物之间产生了联系。人类之所以成为人类，其原点便始于仰面朝天的躺姿。

4

社会性

人类之间有分工合作

本章想要探讨的是在亲子关系以及和周围人们的关系中，婴儿是如何发展认知能力的。这里所说的认知能力并不是操作工具的能力，而是社会认知能力，也就是关于如何对待人际关系的能力。

我认为社会认知发展有四个阶段，下面逐一来谈。

从天然的亲子纽带开始

第一阶段是出生后就具备的、亲子之间天生的情感纽带。

这种情感纽带首先表现为相互凝视。黑猩猩也会这样，换言之，这并不是人类独有的社会性行为。但在日本猕猴的行为中观测不到这样的目光凝视，因为日本猕猴的宝宝紧紧贴在妈妈的胸前，无法进行目光交流。

刚出生不久的人类婴儿会自发地微笑，大家也许听说过，这种微笑叫作“新生儿微笑”。图 15 为出生后 11 天的婴儿，他的脸上原本没什么表情，忽然间嘴角上扬，流露出笑容。

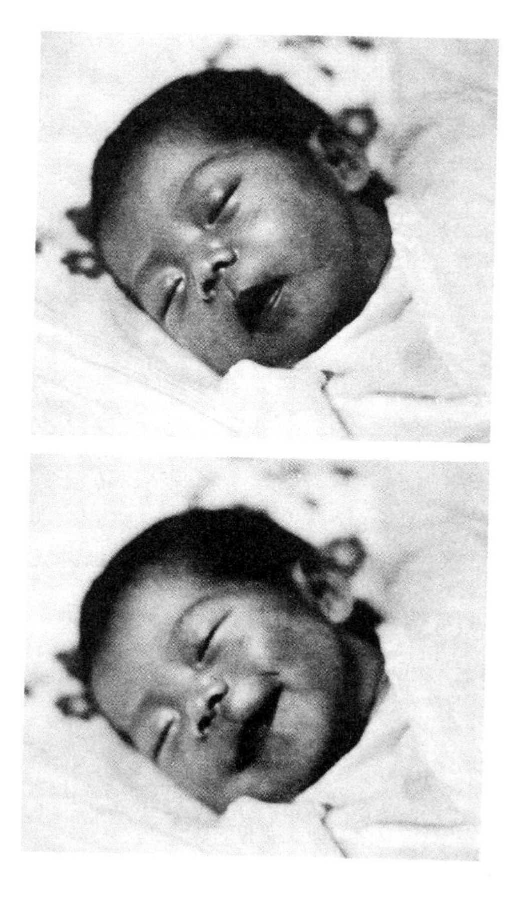

图 15　人类新生儿的微笑（摄影：松泽哲郎）

我们的科研组发现，黑猩猩也有同样的新生儿微笑。图 16 的小黑猩猩出生仅 16 天，在打盹儿的时候忽然流露出了自发的微笑。注意，他还闭着眼睛，所以并不是朝谁发出微笑，而是自发地嘴角上扬。这是非常有趣的事情。虽然必须目不转睛地守着，但只要耐心等待，就能够看到黑猩猩宝宝自然流露出的微笑。这种微笑与听到嘭的一声或把床摇得嘎嘎响时，因视觉或听觉刺激而发出的微笑完全不同。

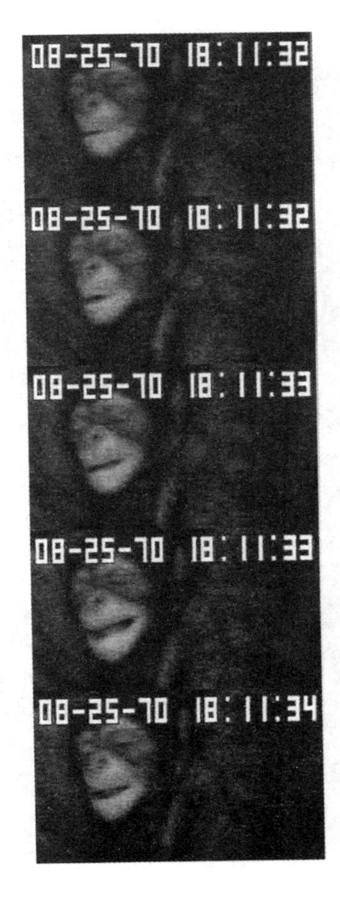

图 16　黑猩猩新生儿的微笑（摄影：水野友有）

接下来，小黑猩猩长到大约3个月大的时候，会睁开眼睛看着对方，忽然间嘴角上扬，露出微笑。他会对人微笑，也会对其他黑猩猩伙伴微笑（见图 17）。研究表明，黑猩猩的新生儿微笑大体上在出生后 2 个月就消失了，取而代之的是社会性微笑，这一点和人类完全相同。这是我与水野友有等人的共同研究成果。

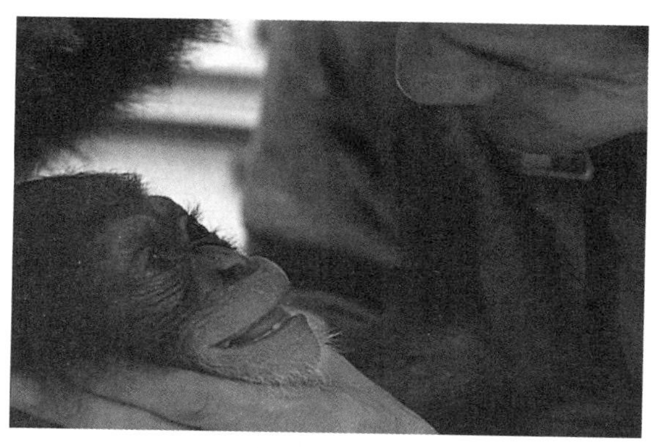

图 17　社会性微笑（小步，上图为 3 个月大，下图为 4 个月大）

（提供：上——中京电视台，下——阿尼卡工作室）

我们知道，人类婴儿有一种叫作“新生儿模仿”的表情模仿反应。这是美国心理学家安德鲁·梅尔佐夫（Andrew N. Meltzoff）发现的著名现象：只要对方吐舌头、噘嘴，新生儿也会吐舌头、噘嘴。我们发现黑猩猩和人类一样具有新生儿模仿反应。这是我和明和政子等人的共同研究成果。

我们通过灵长类研究所里黑猩猩小爱的协助，用迷你摄像机拍下了小爱的儿子小步的表情。

我吐出舌头，小步也吐出舌头；我把嘴张开，小步也张开了嘴；我噘起嘴做出好像要亲吻的动作，小步也噘起了嘴唇（见图 18）。

实际上，只要仔细观察就会发现，恒河猴也有新生儿模仿反应。2009 年的研究表明，我们伸出舌头，恒河猴也会伸出舌头。这是受到我们研究的启发后，意大利心理学家皮埃尔·弗朗西斯科·法拉利（Pier Francesco Ferrari）的团队所做的研究。另外，友永雅己与川上清文等人的研究成果表明，猴子也具有新生儿微笑和自发性微笑。只是，黑猩猩婴儿与人类的微笑一般是左右对称的，而猴子的微笑非左右对称，只有一边嘴角上扬，微笑的持续时间也很短暂。两者间有着这样小小的差别。

图 18　黑猩猩的新生儿模仿：伸出舌头（左），张开嘴（中），噘起嘴唇（右）（提供：明和政子）

还有一点，给人类婴儿看人脸的照片，他们会有所反应。例如，给婴儿展示面朝镜头的正脸照片和视线没有朝向镜头的人脸照片，他们会看哪一张呢？将脸部照片在婴儿眼前慢慢移动，看他们会对哪张照片注视得更久，结果发现婴儿更喜欢面朝镜头的正脸，对视线没有朝向镜头的照片看都不看。接下来，把照片换成各种不同的人，结果婴儿只会关注自己妈妈的照片，这是在婴儿 1 ~ 2 个月大时发生的现象。由此可见，出生后大约 1 个月起，婴儿就认识自己的妈妈了。

动作同步

社会认知发展的第二阶段是动作同步。

黑猩猩母子都生活在族群里，孩子从出生开始就和妈妈一天 24 小时黏在一起。大体从 1 岁到 1 岁半左右开始，也会有除妈妈以外的雌性黑猩猩来抱抱黑猩猩宝宝。正好从这个时候起，小黑猩猩开始在一起玩耍。

到了这个时期，小黑猩猩有一个非常显著的特征。图 19 的照片并不是连续拍摄的。在上图中，小步、克莱欧和帕鲁三个小黑猩猩一个跟着一个，正从灵长类研究所高塔的绳索上通过，三个孩子做着同样的事情。中间左边的照片里，帕鲁把手搭在小步的背上，两个小黑猩猩的眼睛看着同一个方向。中间右边的照片里，小黑猩猩们也看着同一个方向。在下图中，他们还会用同样的姿势走路。这些行动如此同步，以至于我们作为旁观者都会想：喂，有必要这么一模一样吗?

图 19　做同样的事情、看着同一个方向的小黑猩猩

（上、中右——提供：每日新闻社，摄影：平田明浩；中左、下——摄影：松泽哲郎）

社会认知发展的第一阶段是母亲和孩子之间与生俱来的交流方式，第二阶段则是同时采取相同的行动。还有一个例子是在吃饭时出现的：黑猩猩会一起吃饭，同步地吃同样的东西。

这里还涉及食物的分配、分发行为。图 20 中的小黑猩猩死乞白赖地跟妈妈要吃的，妈妈便用嘴把食物分给孩子。黑猩猩很少会表示“来，给你”，然后把食物递给孩子。通常情况下，小黑猩猩会自己来拿妈妈正在吃的东西，拿了就走，这是一种被动的分享模式。在 25 年的观察经历中，我在观察野外黑猩猩时只见过三次主动分发食物的例子，

图 20　用嘴巴把食物分给小黑猩猩吃的妈妈（从灵长类研究所提供的录像截图）

有两次是在吃甘蔗的时候主动分给别人，还有一次是在吃无花果的时候。主动递出食物的行为不能说完全没有，但是非常罕见。

基本上，黑猩猩的风格是：我在吃东西的时候，你拿走也无妨。这与人类母亲把食物分配好后递给孩子的做法不同。但是，常常可以看到黑猩猩一起吃着同样的食物。

模仿和过家家游戏

社会认知发展的第三阶段是模仿。

在第二阶段，同样的事情小黑猩猩都能做到，因此他们可以一起做。而在更进一步的第三阶段，当他们一起做同样的事情时，如果有谁做了不同的事情，其他人就会模仿这一行为。

在图 21 中，灵长类研究所的库萝艾把玩具电话放到了我的耳边，她当时 22 岁。此前，我在库萝艾面前演了场蹩脚的话剧。我把玩具电话放到耳边，装出给人打电话的样子，对着话筒讲了一阵子后，说了声“咔嚓”，把电话挂断，放到了地板上。库萝艾把电话捡起来，贴到了自己的耳边，这是典型的模仿行为。

图 21　把玩具电话贴到笔者耳边的库萝艾（从灵长类研究所提供的录像截图）

让我吃惊的是，接下来，她把电话放到了我的耳边。把电话放到别人耳边，是比模仿更进一步的行为，仿佛是在说："奇怪，我怎么什么都听不到？到底是怎么回事啊？"这样的行为，在野生黑猩猩中是观测不到的。

下面我想介绍两个我们观察到的野生黑猩猩模仿的例子。这两个案例都发生在博所，一例是把动物遗体当作婴儿的布亚布亚，另一例是用树枝当作婴儿玩过家家的小佳。这样的行为都是模仿，同时也是把某个东西当作其他物品的替代品。

先来介绍布亚布亚的案例，这是我和平田总等人共同观测到的。

有一天，一个年轻的雄性黑猩猩抓到了一只非洲蹄兔（又叫岩狸，是长得有点像日本狸猫的哺乳类动物）。接下来发生的事情会令其他调查点的人很吃惊。因为博所的黑猩猩不吃肉，所以这个黑猩猩没有吃掉猎物，而是拿着蹄兔玩，直到把它折腾死，最后把死掉的蹄兔从树上丢了下来。

一个名叫布亚布亚的 9 岁雌性黑猩猩捡起死掉的蹄兔，时而放到肩上扛着，时而放到腋下夹着，带着它到处走，到了傍晚搭好睡觉的床，又抱着死蹄兔入睡，完全把它当作自己的孩子一样，第二天也继续这样带着到处走。到了第二天差不多中午的时候，蹄兔的尸体发臭了，布亚布亚就"吧唧"随手一丢，把它扔了。

这个名叫布亚布亚的雌性黑猩猩，在第二年生下了自己的孩子。因此我想，她对蹄兔的行为可以被视作模仿育儿的过家家游戏吧。一般来说，10 岁生孩子的黑猩猩非常罕见。但博所的黑猩猩族群与其他黑猩猩族群相比，开始生孩子的年龄较早，延续时间也更长。

讲过了进行育儿练习的布亚布亚，接下来还有别的故事。

第 2 章里谈到过，2003 年呼吸系统传染病流行的时候，博所的黑猩猩族群中有 2 个老奶奶、2 个婴儿、1 个 10 岁的年轻黑猩猩死去了。图 22 是一个 2 岁半的小黑猩猩死了，身为妈妈的布亚布亚正审视孩子的脸，守候在孩子身边的是外祖母贝尔。妈妈由于孩子死了，外阴又开始肿大，呈粉红色，死去的孩子身上的毛发也渐渐脱落，而妈妈却一直背着孩子，直到他变成了木乃伊。

图 22　审视死去孩子的布亚布亚和守候在一旁的外祖母贝尔（摄影：松泽哲郎）

在博所，这样的情形在两位妈妈身上总共观察到 4 次。文化差异不仅体现在使用工具和打招呼的声音上，也会体现在对待死者的方式上。也许，只有博所的黑猩猩不会立刻丢弃夭折孩子的尸体，而是一直背着。

下面来介绍小佳用树枝当婴儿玩过家家的例子。

当时共有母子三人在一起：名叫吉莉的妈妈、2 岁半夭折的女孩小乔，以及小乔 7 岁的姐姐小佳。大概是由于感冒恶化，小乔夭折了。偶尔我会独自去做调查，恰好观察到了小乔死前两周到死后四周的情形。

如图 23 所示，那个时候，妈妈依然把已经变成了木乃伊的孩子背在身上。姐姐小佳总是待在一旁，看着妈妈和妹妹。

小乔死前两周，由于她的病已经非常严重，连抓着妈妈的力气都没有了，于是吉莉就把孩子放到肩上或者夹在腋下，带着她到处走。跟在后面的是年龄较大的小佳，她在活动时一直背着一根直径约 10 厘米、长约 50 厘米的木棒。

布亚布亚的案例是把动物的尸体当作婴儿来对待，而小佳则是把树枝当作婴儿一般背着活动。为什么可以这么理解呢？因为居住在当地的马诺族女孩有一种木头娃娃玩具，和小佳的圆木粗细差不多，外形看起来也很像（见图 24）。

图 23　背着已经变成木乃伊的孩子到处行走的妈妈吉莉。吉莉失去了小乔、吉马特和乔德阿蒙三个孩子，每个孩子夭折后，她都会一直背着孩子的尸体，直到尸体变成木乃伊（摄影：D. Biro）

图 24　背着木头娃娃的马诺族女孩（摄影：松泽哲郎）

就这样，我们观察到野生黑猩猩会把动物的尸体当作婴儿玩游戏，也会把木棒看作婴儿来玩耍。

最后再讲一个非常有趣的例子。据观察，黑猩猩也会做出“什么都没有却假装有东西存在”的模仿行为，就好像过家家那样。这是我们在灵长类研究所的小步1岁7个月大的时候偶然观察到的。

那时，小步的妈妈小爱正在学习按照“蓝、黄、红”的顺序堆放积木的任务。小步一直到4岁才开始进行学习和考试，当时的小步待在正在学习的妈妈身边，闲得无聊，就把积木拖到房间的墙角，独自在那里玩。就在这个过程中，他做出了什么都没有拿，却拖着假想出来的积木走的动作。

我们怎么知道他是在拖着假想出来的积木走呢？因为他刻意避开了地板上放着的真实积木，空着手做出拖拽的动作，一直拖着假想出来的积木走过去又走回来。这个时候，小步把嘴巴张成圆形，露出了笑脸。这样的举动有点滑稽，正在摄像的研究生上野有理笑了起来。于是，小步摆出一副“不许笑”的表情，凑上前来，使劲敲着学习间的透明丙烯板。他的行为好像在说：“我可以笑，但你为什么要笑？不许笑！”

前文讲述的分别在野外和实验室观察到的模仿行为，可以再细分为4类：用相同的东西模仿，用稍有差别的东西模仿，用其他东西替代某个物体的模仿，以及两手空空、不用任何道具的模仿。

会传染的哈欠

社会认知发展的第三阶段“模仿”还有一个派生现象——共鸣。我们曾经用实验的方式验证过：打哈欠会传染。这是我和詹姆斯·安德森（James Anderson）的研究团队所做的共同研究。

人类看到别人打哈欠，自己也会不知不觉地打哈欠。但仔细观察，会发现像这样不由得打起哈欠的只有成年人。也许大多数人没有注意到这样一个事实：3 岁以前的孩子并不会被打哈欠传染。孩子困了当然会打哈欠，但是他们并不会因为看到别人打哈欠，便自己也打起哈欠来。

如果是大人看到打哈欠的场景，10 个人中有三四个人会自然地打起哈欠来。非常有意思的是，人们听到某个人打哈欠的声音也会跟着打哈欠，甚至读到有关打哈欠的文章也一样，哪怕只是写出“打哈欠”这三个字，也会打哈欠。听、读、写都会导致打哈欠，真是不可思议。但这也表明了，孩子在尚不理解语言的年龄段，是不会有类似打哈欠传染的情况的。

我们首先对黑猩猩是否会打哈欠传染进行了实验。我们让黑猩猩坐到电视屏幕前，给他们播放准备好的打哈欠的录像和只是张开嘴巴的录像。6 个成年黑猩猩参加了实验，有 2 个明确地出现了打哈欠传染的表现。在观看只是张开嘴的录像时，他们不会打哈欠；但是播放打哈欠的录像时，就能很清楚地观察到他们打哈欠了。实验表明，黑猩猩也会打哈欠传染，且这种现象发生的比例和人类的成年人基本相同。

区分自己和他人的自我认知

与第三阶段的模仿相关联的是自我认知（self recognition）。模仿是建立在自己与他人之间的行为，要想让这种行为成立，首先必须能够明确地区分自己和他人。

这里所说的自我认知，指的是看着镜子，能够认出镜子中反映的是自己，也就是镜像自我认知（mirror self-recognition）。黑猩猩能够认出镜子中的影像是自己，下面的这个小插曲就是强有力的证据。

有一次，小爱在照镜子时，把手放到嘴边，好像有东西卡在牙缝里了。她看着镜子，露出“好像有什么东西”的样子。我们把牙线拿给她，她就自己用上了。这明确表明，她能够认出镜子里的影像是自己。

成年人类在照镜子的时候，当然知道镜子里的影像是自己。但是，就连人类第一次看到镜子的时候，也会觉得很神奇。

有一次我去肯尼亚，经历了一件趣事。那个地方非常热，连水都找不到，牧民要在地上挖坑，用坑里渗出的水喂山羊。

在那样的地方，人们的生活中根本没有镜子这种东西。第一次见到镜子会是怎样的情形呢？有一天，一个游牧民少女对着我们乘坐的越野车的后视镜，感到不可思议。她歪着头，往镜子里仔细端详，把舌头伸出来一点点，看看是什么样子的（见图 25）。这让我想起了第一次见到镜子的黑猩猩，反应与此如出一辙。

图 25　仔细端详越野车后视镜的少女（摄影：松泽哲郎）

理解他者的感受

本章为读者介绍的是社会认知发展的四阶段理论。先将前文所述做个整理总结：第一阶段是母子之间与生俱来的交流；第二阶段是采取同样的行动；第三阶段是采取同样行动时，如果有谁做出了特别的行为，其他人就会加以模仿。孩子会仔细观察母亲做事的方式，照着样子模仿，为了模仿也会出现很多试错学习。到底模仿是如何进行的，请看下面这个具体的实例。

图 26 是博所的一对黑猩猩母子。妈妈正在利用砧板石和锤子石砸油棕果核。小黑猩猩在 3 岁半之前还砸不开果核。他想要试着自己砸，但怎么都砸不开，于是便凑到妈妈身边，全神贯注地仔细观察妈妈是怎么砸的。妈妈非常宽容，绝对不会说："到一边去！"观察完之后，小黑猩猩便回到自己原先待的地方，再次尝试砸果核。他把果核放到砧板石上，用一只手扶着敲击。但是，敲击的面不合适，仍然砸不开，他便露出了"不知道这样做对不对"的表情。

图 26 正在观察成年黑猩猩用石头砸果核的小黑猩猩（摄影：野上悦子）

总之，模仿阶段的孩子会模仿包括父母在内的他人的行为，想要仿照他人的行为做事。对于自己没有尝试过的新事物，看到别人做了，便也想要做做看。作为结果，便收获了迄今为止没有做过的事情的行为库（behavioral repertoire）。这就是模仿的功能。

进行这种模仿，代表着孩子做出了和他人同样的行为，也体会到了和他人同样的感受，获得了同样的体验。想要了解被模仿者的行为会带来什么样的感受，只要自己去做同样的事情就行了。

换句话说，通过模仿，孩子第一次做出了他人行为库中的行为，同时丰富了自己的行为库。结果，对于那些自己没有体验过的行为到底会带来什么样的感受，模仿一下就知道了。

这就引出了社会认知发展的第四阶段：看到他者的行为，就明白对方是什么样的感受。为什么能做到这一点呢？因为在模仿阶段，那个行为自己已经体验过了。至于自己还没经历过的行为会产生什么样的感受，当然是不知道的。

运用模仿这一能力，尝试去做他者做过的事情，可以亲身体验到这样做会发热、这样做会痛、这样做会悲伤、这样做会开心，等等。只要看到有人做同样的事情，不论是做过那种行为的人，还是其他不认识的人，即使自己没有再做一次，也能够理解对方心里的感受。

我认为，从模仿到理解他者的感受，要经过这样一系列的连锁机制。

伸出援助之手

下面继续讲社会认知发展的第四阶段——理解他者的心情。

从新生儿长到成年的过程中，为什么会逐渐理解他人的感受呢？理解了别人的感受，又会导致什么样的反应，从而产生帮助他人的利他行为呢？

比如说，我曾经观察到这样的情形：当树枝间的空隙太大，2 岁半的小黑猩猩过不去，发出“嚁嚁嚁”的悲鸣声时，妈妈会回过头来，伸手把他拉过去。我也观察过日本猕猴，它们和黑猩猩不同，不会对自己的孩子伸出援助之手。

另外还有这样一个例证。博所的黑猩猩和人类居住在同一片区域，会频繁地遇到人类。黑猩猩也会横穿人类通行的道路，我们观察到了他们在过马路时的角色分工，让人觉得饶有趣味（见图 27）。

图 27　横穿公路的黑猩猩（摄影：K. J. Hockings）

先是路边茂密的树丛里钻出来一个，是打头阵的雄性黑猩猩。他左看看、右看看，慢悠悠地过了马路。从他抓挠身体的行为可以看出，他有点紧张。过了马路之后，他没有自己走掉，而是等在那里。在他后面慢慢跟上的是老者和小孩。接着，背着婴儿的黑猩猩妈妈开始过马路。打头阵的黑猩猩一直在马路边等着，保护着在自己之后过马路的黑猩猩。偶尔，过马路的队伍会分成两半，接着跟上来的是后一半。依然是身强力壮的雄性打头阵，他左看看、右看看，在他之后，跟上来的老者和小孩也匆匆忙忙地过了马路。全体成员都过了马路之后，两个成年雄性转而在队伍后面殿后，大家一起往树林深处走去。

在这个过程中，身强力壮的雄性承担了三个角色。先是打头阵，左右观望，确认安全；过完马路后，并不是自己赶快离开，而是在路边等待，保护着其他雌性黑猩猩和小黑猩猩通过；最后是殿后。马路上时常有人或汽车通过，所以，雄性黑猩猩等于是把自己暴露在了危险之中。但是，就算自己冒风险，他们也要保护雌性和孩子的安全。这就是利他行为。

我们还观察到了这样的情形：走出来一个抱着孩子的黑猩猩，最初我以为是自己没见过的雌性黑猩猩，仔细一看，却发现是 10 岁的雄性杰艾扎。杰艾扎的胸前抱着个宝宝，跟在他身后过马路的是一个黑猩猩妈妈，背上背着 6 岁的女儿。妈妈和女儿过完马路之后，杰艾扎抱着的 1 岁半的小宝宝又回到了自己妈妈的怀里。

与先前的情形相同，雄性黑猩猩负责打头阵、守护、殿后，还加上了帮忙背孩子。如果没人帮忙，黑猩猩妈妈就必须抱着一个、背着一个，同时带着两个孩子过马路。不仅如此，一个孩子1岁半，一个6岁，已经很重了，妈妈一个人带着非常不容易。实际上，我们也见到过妈妈前面抱一个、背上背一个，或者有时背上背两个过马路的情形。可是这一次，年轻的雄性黑猩猩提供了帮助。

除此之外，还有这样的例子：黑猩猩非常喜欢吃番木瓜，但是由于番木瓜长在靠近人类屋檐的枝头上，不是想摘就能摘到的。这时，身强力壮的雄性会挺身而出，上树摘下两个番木瓜。基本上，他们一定会每次摘两个，然后爬下来。

黑猩猩的嘴巴很大，可以把柚子一般大小的番木瓜轻松地整个塞进嘴巴里，还可以再用一只手拿一个，总共摘两个下来。进入树林后，他们会把一个番木瓜留给自己享用，另外一个当作礼物送给心仪的对象，通常是外阴呈粉红色、处于排卵期的雌性黑猩猩。但是，他们并不会表示“送给你”，主动把礼物交给雌性，而是准许对方拿去吃。

就好像同一个硬币有正反两面，黑猩猩有伸手帮忙的一面，也有欺骗的一面。下面要讲述的欺骗的例子，也是黑猩猩理解、解读对方心思的证据。

欺骗

在长期观察博所黑猩猩的过程中，我们遇到了意想不到的有趣发现。

有一天，一个黑猩猩妈妈出现在野外实验场（将在第 5 章介绍），但是能够用来砸油棕果核的石头已经没有了，所有合适的石头都被其他黑猩猩占用着。没办法，这个妈妈开始为 9 岁的儿子整理毛发。

过了一会儿，妈妈停止整理毛发，四足站了起来，这表示“换你给我整理毛发了”。于是，儿子放下砸果核的石头，开始给妈妈整理毛发。

就在这个当口，妈妈把儿子的石头拿了过来。儿子被妈妈骗了——再怎么看，都只能这么解释。

我认为，这个案例是人类以外的动物确实存在“欺骗”这种行为的最强有力、最明确的证据。

在这个案例中，9 岁的儿子实际上是微妙而重要的关键。黑猩猩的 9 岁，换算成人类的年龄（大约乘以 1.5 倍），差不多是人类的 13 岁半，可以说正是非常不容易对付的年龄。

如果是再小一点的孩子，直接赶走就好了。只要黑猩猩妈妈拖着庞大的身躯“哼哧哼哧”地走过来，小孩子就会窸窸窣窣地逃开。相反，如果是成年雄性在使用石头，黑猩猩妈妈就只能等。对方迟早会用完石头，到别的地方去，到那时再把石头拿过来用就是。

换句话说，当自己处于优势时可以把对方赶跑，自己处于劣势时则应当等待。而 9 岁的儿子正好处于微妙的年龄阶段，不能简单地把他赶跑，但也没到需要等待的程度。可以认为，黑猩猩妈妈略施小计，采用了“欺骗”这第三种手段。

社会认知发展的四个阶段

四个阶段都已经介绍完了，在此总结一下。

从出生起，亲子之间就具有与生俱来的自然交流。

到了 1 岁半左右，会采取同样的行动，群体成员行动同步。

行动同步期间，如果发现有谁做出了自己没有做过的或者超出常规的事情，大约从 3 岁开始，会出现模仿。很明显，模仿新行为可以丰富自己的行为库。一旦模仿他人的行为，他人的行动结果也变成了自己的体验，在那种体验的基础上，再看到他人的动作，就能知道那个行为会带来什么样的结果，由此成为理解他人感受的基础。

在模仿的基础上，可以理解他人的心情。这样就出现了伸出援助之手的利他行为；或者由于理解了对方，也会出现欺骗的行为。

将猴子、黑猩猩、人类进行比较，看看他们分别有哪些包含在这四个阶段里的行为。比如在第一阶段，是否有眼睛和眼睛之间的凝视？是否有新生儿微笑？是否有新生儿模仿？逐项比较下来，以目前的实验与科研结果来看，四个阶段的行为猴子基本上全都没有，黑猩猩基本上全都有，人类当然也全都有。

也就是说，人类到了 4 ~ 5 岁时，就已完成理解他人感受的全部发展过程，这个过程黑猩猩也基本都有。但是很明确，人类有一个特征是黑猩猩没有的，那就是需要角色扮演的过家家游戏。黑猩猩不具备这个游戏所要求的角色分工和互惠性。

“来玩卖菜游戏吧！你做卖蔬菜的老板，我来扮顾客。”

“来荡秋千吧！我先推你，等会儿轮到你推我。”

在黑猩猩的世界里，没有发现这样互惠的角色分工。在黑猩猩身上也有很明显的利他倾向，他们也会为了某个伙伴而做某事，但这样的行为并不是相互的。妈妈为孩子做出利他行为，孩子并不会因此做出什么回馈，顶多只是为妈妈整理毛发而已。

就拿一家人围着饭桌吃草莓来说吧。妈妈会把草莓给孩子；人类的孩子从 1 岁多开始，就会说一句“自己来”，随后自己吃起来；稍微再大一点，则会说“妈妈也吃”，邀请妈妈吃草莓。在黑猩猩的世界里绝对看不到这样的行为。

人类会主动给他人东西，相互交换，更有甚者，会为了他人而献出自己的生命。这是比利他更进一步的互惠性，甚至是自我牺牲。我认为，这可以说是人之所以为人的固有智能。

5

使用工具

人类的认识深度

与“心理理论”（theory of mind）相对应，请试着从“物质理论”考虑一下。

心理理论是我在美国研究时的导师戴维·普雷马克（David Premack）所创的新词语。他认为，人类智能的本质是理解他人的感受。他者之心不是眼睛能够看到的摆在那里的现实，而是通过对方的行为推论出来的东西。推论是这样进行的：做了这样的事情，一定会有这样的感受吧？由此，我们具有了对他者的感受、思想、爱好、信念加以推断的能力。

物质理论则是与心理理论相对应的概念。物质的确是眼睛能看到的、实实在在存在的东西。但是，究竟如何认识那个物体，却是关乎细腻而美好的心灵世界的问题。

动物行为学鼻祖雅克布·冯·魏克斯库尔（Jakob Johann von Uexküll）男爵很早以前就发现了心与物之间的不同，他用“环境”和“环境世界”来加以区分。在同一个房间里，虽然所处的物理环境相同，但苍蝇复眼看到的世界、狗看到的黑白世界，和我这个人类看到的世界都是不一样的。充斥于这个环境中的物质，相互间是如何关联的？答案会根据动物物种的不同和个体发展阶段的不同而有所差异。

第 4 章讲述了推导出心理理论，并与人类相关的社会认知发展的四阶段说，现在让我们来看看与物质相关的认知和智能发展。换言之，就是人类是如何获得带有人类特征的“物质理论”的。

黑猩猩如何使用工具

之前我已经提过很多次了，博所的黑猩猩会用一组石头当作砧板和锤子，砸开油棕果核的外壳，取出里边的果仁来吃。不仅如此，他们还会用细棍子钓狩猎蚁吃。

狩猎蚁亦称行军蚁，蚁群主要由兵蚁和工蚁组成，兵蚁走在队列外侧负责防御敌人的攻击，工蚁走在队列中间。博所的黑猩猩会以棍子为工具钓行军蚁。只要把棍子的一端插到地上，受惊的兵蚁就会急匆匆地顺着棍子往上爬，看到时机差不多了，黑猩猩便提起棍子，把蚂蚁舔食掉。这种蚂蚁我也曾经尝过，并不怎么好吃。

此外还有个最新发现，博所的黑猩猩会用蕨类植物的叶子捞水藻吃（见图 28）。第一次见到这种情形的时候，我还以为他们在钓白蚁。但是钓白蚁不可能在水塘里呀？仔细一看，才发现黑猩猩是在捞水藻吃。

捞水藻的工具是按照如下方法制成的：在森林里采摘蕨类植物的叶

子，把前端咬掉，使其长度大约为 50 厘米，再把侧叶（确切地说应该是形成复叶的小叶）弄掉，这样就只剩下了一截没有叶子的叶柄。沿着叶柄，留有尖尖的侧叶基突，而且间隔规律，这样就做成了恰到好处的捞水藻工具——捞棒。

图 28　用蕨类植物叶子做成的捞棒来捞食水藻（摄影：大桥岳）

黑猩猩还会用树叶喝水。他们刻意选用糙竹芋宽宽的叶子，先把叶子纵向对折，接着放到嘴里，用舌头把它折成像蛇形管一样凸、凹、凸、凹的形状（见图 29）。把折好的叶子放到有积水的地方，水就会留在“蛇腹”的间隙里，可以饮用。

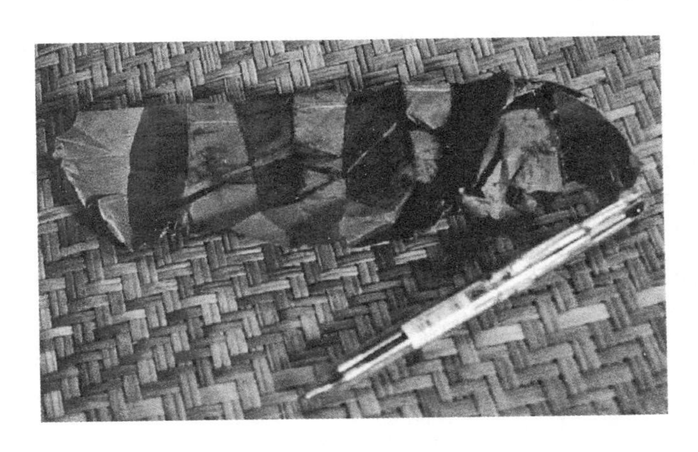

图 29　留有被折成蛇形管一般痕迹的叶子（摄影：松泽哲郎）

野外实验法

为了研究野生黑猩猩的工具使用情况，我采用的方法是野外实验：以实验的方法，重现可以让黑猩猩自然地使用工具的情境。简而言之，我们为此搭建了野外实验场，将黑猩猩频繁使用工具的场所作为户外实验室。

在栖息地观察、在实验室里做实验，这些都是传统的常规研究方法。而我的研究方法是既做观察也做实验。而且，在黑猩猩栖息地，我不仅做观察，也做野外实验；在实验室里，不仅做实验，还做参与观察（有关这个话题，将在第 6 章介绍）。

我的研究用一句话总结就是：扬弃实验室里的研究和野外的研究。“扬弃”是一个哲学范畴的专业术语，德语为“aufgeben”，意义与“综合、整理合并”接近，指的是整合在一起、达到一个更高级的阶段，即整合之后达到升华。我希望将两种不同的研究方法重叠、综合在一起，追求更高层次的理解。

对实验室研究与野外研究的扬弃

		方法	
		观察	实验
场所	栖息地	观察	**野外实验**
	实验室	**参与观察**	实验

简单来说，我并不是把黑猩猩分开来理解，而是把不同的研究方法交叠起来，去理解完整的黑猩猩。要想全面地理解黑猩猩，既要去作为研究场所的非洲野生黑猩猩栖息地，也要在日本的实验室里做研究。因此，我以场所（栖息地 / 实验室）和方法（观察 / 实验）2×2 综合的 4 类研究，试图全面地描绘出黑猩猩及其心智。

用野外实验的方法研究黑猩猩的工具使用有两个优点。第一，如果只是单纯地跟在黑猩猩身后观察，很少能有机会看到他们使用工具。而通过实验再现工具使用的场景，能够使看到这种行为的概率提高数十倍。第二，可以通过实验操作，改变提供的石头数量和供砸开的果核的种类。

先前我们介绍了黑猩猩如何使用树叶喝水。在开始进行野外实验之前，我们只是纯粹地追在黑猩猩身后观察，这样用树叶喝水的情形，在10年里合计超过10个月的观察期间，仅仅发现了三次。而在研究石器使用的同一个野外实验场开始进行饮水实验后，每天都能在同样的场所看见黑猩猩喝水。同时，通过在野外实验场的观察，我们第一次弄清楚了黑猩猩只用糙竹芋的叶子喝水。

为了调查用叶子喝水的情况，在征得当地向导的许可后，我们在野外实验场的树上开了一个人工的洞穴。当时向导所说的话至今仍令我记忆犹新："就像我们的手受了点伤，是会痊愈的；在大树上开一个洞，它也会修复得好好的，变成一个浑然天成的洞。"向导还补充说明："当然还要看树的种类。"我感叹道："原来如此啊！"

在这个凿开后自然成型的洞里，刚好能盛下15升水。只要在洞里预先注满水，黑猩猩就会来喝水。等他们喝完离开后再把水加满，根据加了多少，就能知道他们喝掉了多少。只要稍微花点工夫设计一下，就能想出正确测量饮水量的新方案。

通过建立野外实验场，可以进行划时代的研究，能够在同一地点、同一时期，定点观察两种不同的工具使用情况。

我们在博所黑猩猩游走活动区域的中心地带建起野外实验场，在距离黑猩猩 15 ~ 20 米的地方用草搭起篱笆，躲在后面支好摄像机和照相机，守候黑猩猩的到来（见图 30）。每天，黑猩猩的小团体（集团）都会来到这个地方 2 ~ 3 次。

图 30 从草篱笆后面观察来到野外实验场的黑猩猩（摄影：松泽哲郎）

黑猩猩也有利手

通过野外实验，我们了解了各种各样有关黑猩猩的事情，其中之一就是利手[1]。这是在人类以外的动物里第一次进行这一课题的调查：黑猩猩在使用工具的时候，百分之百会使用惯用手。这是我和伏见贵夫、杉山幸丸等人的共同研究。

人类大体上 10 人中有 9 人是右利手（90%）。而我们的研究发现，3 个黑猩猩中有 2 个是右利手（67%），1 个是左利手（33%）。

我们以野外实验的方法，对博所黑猩猩使用石器的情况进行了超过 20 年的记录，这项研究由中村德子、多拉·比罗（Dora Biro）、克劳迪娅·索萨（Claudia Sousa）、林美里以及苏珊娜·卡瓦略（Susana Carvalho）总共五代研究者接力进行。和她们一起解读长期积累下来的数据与资料，会发现非常有趣的事情。

比如说，以母子为一组进行利手调查，会发现总共存在 4 种组合方式。也就是说，利手在黑猩猩中不受遗传影响，而人类的利手却有着微弱的遗传影响。

非常有趣的是，在黑猩猩中，兄弟姐妹的利手一致，同一个妈妈抚

---

① 利手是神经生物学术语，指人在运动、行为中的惯用手，习惯使用右手的叫右利手，习惯使用左手的叫左利手。

养长大的孩子利手也一致。可以这样解释：黑猩猩的利手可能是由被同一个妈妈养育这种环境因素决定的。但真实的原因仍不明了。

接下来，让我们一起更详细地看一下，通过野外实验如何研究石器使用的发展，并在这一研究视角下探讨“物质理论”。

认识的不同层级

黑猩猩使用工具的能力存在一个发展过程。

首先，使用的工具不同，学会使用的年龄段也不同。黑猩猩从 2 岁前就开始学着用树叶喝水了，但在 3 岁以前都不会使用石器，要从 4 ~ 5 岁开始才能渐渐学会使用石器。

应该如何理解这一事实呢？

用树叶喝水，是把工具（树叶）和对象（水）进行一对一的结合、关联。

使用石器，则是将两块石头组合成一套工具来砸开果核，一块石头做锤子，另外一块石头做砧板。若是只把果核放在砧板石上，不用锤子石的话，也是砸不开的。必须把锤子石、砧板石和果核三者关联起来。

通过野外实验可以看到这一发展过程。虽说最佳方法是把果核放在砧板石上，但在发展到懂得这一点之前，小黑猩猩的举动是用手去砸、用脚去踩，或者虽然拿着石头，却把果核放在地面而不是砧板石上，直接用石头砸。如果没有把三个要素有机地结合在一起，就砸不开。

这就意味着，同样是使用工具，也存在不同的阶段。石器使用这一阶段是更高级的。首先，把果核放在石头上和拿着叶子去喝水可以定位在同一水平。假如把会用树叶喝水这种程度算作会使用工具的话，那么在使用石器的情境中，除此之外还必须加入其他因素，使用工具才能成立。也就是说，工具使用要通过两个水平层次来解释。

有关这种阶段性，从下文所讲的“行为语法”的角度来考虑，就可以进行更明确的分析了。

行为语法

与人类的语言有语法一样，行为也有语法。尝试这样考虑是个大胆的设想。

例如，试着对“使用石器砸开果核，取出果仁来吃”这一动作进行分析。这一连串的动作，必须将构成动作的多个要素按照一定的规则和顺序执行，才有意义。如果我们认同存在记述语言的语法，那么也不应局限在语言范围内，理应能构想记述行为的语法。我仿效语言学家乔姆斯基（Avram Noam Chomsky）提出的生成语法（generative grammar），试着建构出了记述行为的语法。

说到语法，首先浮现在脑海中的是语言的文法。对人类语言的研究，粗略可以分为四个视角。用极其简化的语言来表述：第一，语音学研究使用哪些音素；第二，语义学研究某个音素承载什么意义；第三，语法学研究词语依照什么样的顺序组合在一起形成句子；第四，语用学探究语言实际使用的方法。这里所说的行为语法就相当于语法学。让我们试着思考一下，把词语换成行为。

比如说，把石器使用这一连串动作对应于语言的陈述句：谁，把什么东西，放到哪里去，怎样了。让我们先把这一连串的行为以文字的方式表达。

黑猩猩用左手拿着果核，放到砧板石上，用右手拿着锤子石，砸开果核，再用左手取出里面的果仁来吃。这一切结束后，用左手将碎屑从砧板石上扫掉，接着用左手拿起另外一颗果核放到砧板石上，用右手的锤子石敲击。

就这样，可以用陈述句表达成年黑猩猩一系列行为动作的顺序。能把行为替换成多个句子，这是基本的前提。

从语法结构来分析这些句子，有四个要素：施动者、动作、受动者、场所。

所谓施动者就是发出行为的人，指是谁做了这件事情；动作就是行为，指做了什么；受动者就是对象物，指行为的对象是什么；场所就是地点，指把对象物定位到哪里。将这些以通用语法来表述就是：施动者相当于主语，动作相当于动词，受动者相当于及物动词的宾语，场所相当于间接宾语。用英语来表达就是 S（主语）、V（动词）、DO（及物动词）、IO（不及物动词）。

使用这样的形式，在看到某个行为的时候，就能够用遵循行为语法的方式将其表达出来。这样用语言来表达行为，就可以像分析语言的句法结构一样，来描绘行为的结构。以乔姆斯基提出的树状结构为基本原则，对行为的结构加以分析，这就是我的设想。

最早提出行为语法这一概念的人是谁呢？这是个微妙的问题。从文献上考证，应该是加州大学洛杉矶分校发展心理学系的帕特里夏·格林菲尔德（Patricia Greenfield）最先将之发表的。最早提出的人，就应当算作最早想到这个概念的人。虽然我在同一时期也在考虑同样的事情，但是要论谁最先在文献上提出这一点的话，还是格林菲尔德更早些。

行为语法到底是谁最先发现的，这样的讨论并不十分重要。我本人又将行为语法的想法深入了一步，暂且忘掉主语和动作，只考虑与行为相关联的物质与物质之间关系的表达。也就是说，把焦点锁定在能表述物质世界中“物与物关系”的目标和场所上。

在社会认知领域，我们可以解析人与人之间的关系。更进一步，心理理论虽然也解析人与人之间的关系，但拷问的是人心之间的关系。“能理解他人之心的‘我的心’”，这就是能够表现出人类社会认知特征的心理理论的研究结果。

同理，在物质认知领域，我们可以解析物与物之间的关系。更进一步，可以将其作为“物质理论”，探究、拷问器物与器物之间的关系。从“几个器物之间构成了什么样的关系”这一视角出发，不就可以明确记述工具使用的本质了吗?

黑猩猩的行为极其复杂多样，有数十种工具使用模式。他们会使用石器，会用杵棒捣椰子，会捞水藻、钓蚂蚁、钓白蚁，还会用树叶擦屁股，等等。虽然他们会做的事情很多，但是仅关注物与物的关系，就能看到非常单纯的基本结构。黑猩猩的工具使用乍一看显得复杂多样，但一言以蔽之，都是“用工具对目标做了什么”这一个动作。

以“用棍子钓蚂蚁”这种工具使用为例。地上有根棍子，蚂蚁在爬，仅仅如此的话，棍子和蚂蚁之间什么关系也没有。但是，黑猩猩这个行为主体，对那根棍子做了什么呢？黑猩猩把棍子定位到了蚂蚁上。不是风吹的，也不是其他动物做的，就是那个黑猩猩拿着棍子到了蚂蚁那里。黑猩猩作为行为主体，做出了那个动作，因此我们才把这件事认定为黑猩猩使用了工具。

在那个时候，行为主体做出了什么样的动作？用的是右手还是左手？让我们把诸如此类的事情全都忘掉，只将注意力锁定在物与物之间关系的树状图上，来看“物质理论”（见图 31）。这样一来，就可以用一个关系节点，来表示棍子和蚂蚁这两个原本没有关系的物之间的关联。这就是工具使用的本质。“用棍子钓蚂蚁”只是关系中的一种，我给这样的工具命名为“第一级工具”。

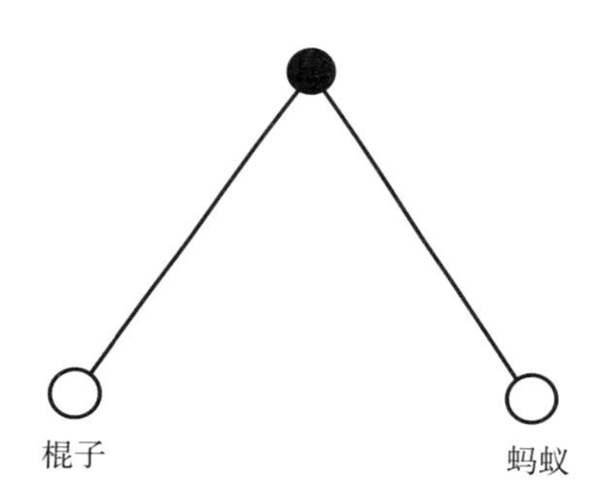

图 31 “用棍子钓蚂蚁”的行为语法结构：第一级工具

依照这样的语法结构来描绘，黑猩猩使用的大多是第一级工具。我们已经知道，除了黑猩猩以外，海獭也会用石头砸开贝类，乌鸦、雕、猫鼬、猴子等各种各样的动物也会使用工具。但是，它们使用的基本上都是第一级工具。

确切地说，跟第一级工具相比，还存在着尚未达到第一级的工具。这要看如何定义作为工具而使用的对象。惯常的观念是把可以挪动的某个物体叫作对象，也就是物；而那些不能挪动的，比如地面这样的东西，我们一般不会叫作器物，而是叫作“环境”。

广为人知，动物会把环境（物体表面）作为工具使用：鹫为了砸开蛋，会飞得高高的，然后把蛋往石头上一丢，蛋落下来就被砸开了。在这个例子中，石头就是环境。蛋若是落在草地上，也许不会摔破，但是落到石头上，“咔嚓”一声就破了。乌鸦把核桃放到马路上，让过往的车辆用轮子把壳碾开，也是一样的道理。

使用环境算不算使用工具，要依照定义。也不是不能说鹫把石头的表面当作工具。岩石表面是环境的一部分。鹫使用的工具不属于可以移动的器物，但鹫带着蛋飞到高空，把蛋丢下来，蛋撞到石头上碎了，于是鹫吃到了里面的蛋清和蛋黄。这个过程，用行为语法能够充分加以记述。在这里，蛋和石头、目标和场所之间构成了关系。乌鸦的案例也是一样，暂且不管“车轮碾核桃”这件事情，“乌鸦把核桃放到汽车通行的道路上”，这样的记述，表示的是第一级工具。

从这个角度来分析的话，我们会发现，单纯的石器使用其实已经是“第二级工具”了。首先，必须把果核放在砧板石上；然后，必须用锤子石敲击果核（见图 32）。需要三件器物，且三者之间正确关联，才能成功地使用石器。

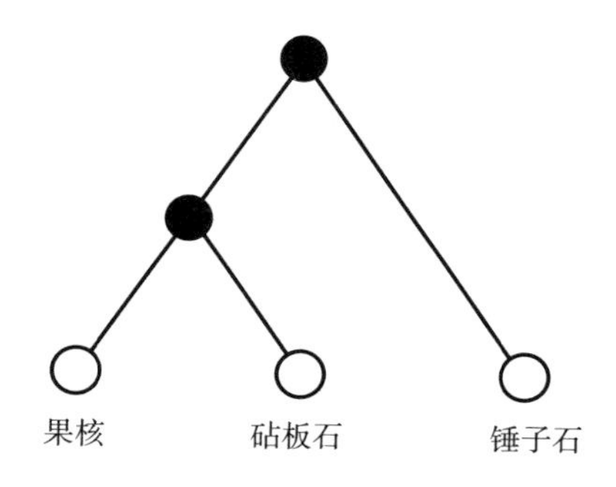

图 32 “用砧板石和锤子石砸果核”的行为语法结构：第二级工具

还不能熟练地砸开果核的小黑猩猩，要么是用锤子石在砧板石上敲，要么是用嘴叼着锤子石，要么是用手拿着锤子石，试着把果核放到砧板石上，结果果核却滚落下来，就这样一次又一次地尝试。这些行为全都属于从零级到一级的阶段。

如果长期观察野生黑猩猩的工具使用情况，还会发现非常罕见的第三级工具。这就是在砧板石下面垫一个楔子石的案例。

如果砧板石的上表面是倾斜的，橄榄球形状的果核就会骨碌骨碌地滚落下来，不能好好地摆在上面。要是砧板石下面有楔子石，就会变得很稳当，表面稳稳地保持水平。我们发现了黑猩猩用第三块石头达到这一目的的事例。

但是，正确的表述是：黑猩猩在楔子石上摆上了砧板石。如果是人类，会拿着砧板石，把楔子石垫在下面，而黑猩猩实际上却是这样的：翻动很多砧板石，把砧板石放到合适的楔子石上。

不过无论如何，都是要根据楔子石找到一块平稳的砧板石，在砧板石上面放上果核，再用锤子石砸（见图 33）。没到 6 岁半左右，黑猩猩是不会做出这样的行为的。

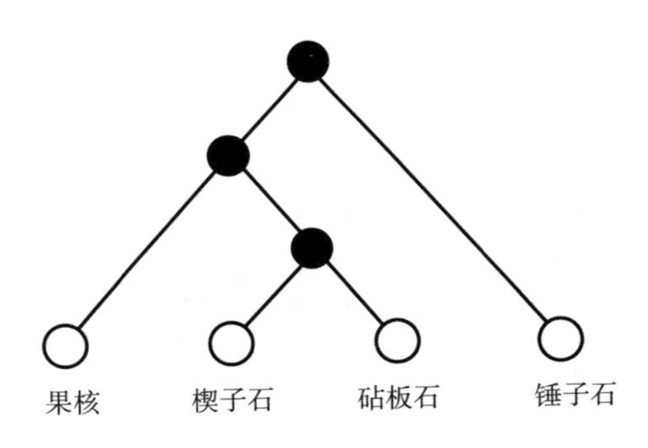

图 33　有楔子石的石器使用：第三级工具

在这个例子里，黑猩猩是否真的认识到了楔子石有保证砧板石稳定度的作用，这一点非常微妙。假如是先用手拿着楔子石，把楔子石放到砧板石下面，再用另外一只手拿着砧板石操作的话，就能让人明确地感知到黑猩猩的意图。但实际上，当黑猩猩觉得砧板石不对劲的时候，他们会做出很多事情来。

他们会把砧板石上下颠倒试试看，也会有翻了个面就正好合适的情况。

他们会把砧板石在水平方向左右转动，由于地面也不一定平整，如果地面稍微有点倾斜，就可以通过左右转动砧板石进行调整，让其朝上的一面保持水平。

力气大的成年黑猩猩自有方法，会用一只脚握着倾斜的砧板石，让它保持水平。这是一种挺费劲的方法，需要用一只脚支撑砧板石，再腾出双手来操作果核和锤子石。

就这样，在尝试各种方法的过程中，就会出现把砧板石随便放到其他石头上的情形。因此，黑猩猩有时候看起来只是在非常荒诞地胡乱摆弄，有时候则会比较顺利地把砧板石放到小石头上，让人发出“哇”的惊叹。因此，黑猩猩是否将垫在下面的石头认知为楔子石，并没有定论。

但是，黑猩猩似乎的确明白，果核之所以滚动是由于石头不平的缘故。黑猩猩拿着石头走过来，在开始砸果核之前，会预先确保砧板石没有倾斜。会这样做，就明显表明他认识到了砧板石倾斜与果核翻滚之间的因果关系。并不是先试着砸砸看，果核骨碌骨碌滚下来之后再去调整砧板石，而是预先就翻转砧板石，把它调整到正好的位置。只有成年黑猩猩才会这样事先调整。他们基于对上述因果关系的理解，做好了准备，把工具做成适合将来使用的形状。

要点在于，这样一来就形成了果核、楔子石、砧板石和锤子石四个物体之间的联系。自然界里虽然有物体存在，但仅仅是地面上的三块石头和一颗果核。黑猩猩这个行为主体，将这四样东西有机地组合在一起，才让它们首度作为工具而发挥效用。

这个时候，物和物之间存在着相互关联的语法规则，不是单纯地将三块石头拼凑到一起，而是一块石头当楔子石，放在砧板石的下面，砧板石上面放着果核；先用锤子石砸开果核，才能把里面的果仁取出来吃。因此，这一系列行为中有三个节点：将楔子石和砧板石组合，让砧板石的上表面保持水平；在砧板石上放上果核；用锤子石去砸果核。这样就形成了三个层面。

以上就是行为语法。其优点是简单明了，能将工具使用的复杂性转化为物和物之间的关系，记述第一级工具、第二级工具、第三级工具。而且，工具能力使用的发展阶段也与工具的级别相符：黑猩猩 2 岁前能掌握第一级工具，4 ~ 5 岁能掌握第二级工具，但不到 6 岁半便观察不到第三级工具的使用。行为语法节点的数目与认知水平的高低相对应。也就是说，用行为语法可以说明工具使用的妥当性，其结果也能获得来自实际发展阶段数据的佐证。

从使用工具到使用符号

接下来，我要指出黑猩猩对上述工具的使用与符号使用具有同形性（isomorphism），也就是有相同的情形。和使用工具一样，符号的使用也有不同的级别。

我提出这一想法的背景是，有一些人主张黑猩猩、大猩猩、猩猩能以手语、塑料片、图形文字等方式学会语言。但是，如果分析他们习得的语言系统的结构，就能指出明显的局限之处。

是什么样的局限呢？基本上，他们习得的全都是第一级的语言。他们使用的都是如“苹果”“红色”“打开”等可以与实物或现象一一对应的词，相当于“单词”，而且最多也只是学会几百个词而已。还没有哪一位研究者声称，有黑猩猩、大猩猩或猩猩学会了几千个单词。

类人猿语言习得的研究始于1969年《科学》杂志上刊登的加德纳夫妇（Allen & Beatrix Gardner）的一篇论文《学会用手语的黑猩猩——华秀》。在此之后，有普雷马克夫妇以各种塑料片代表不同符号的研究，朗博夫妇（Duane Rumbaugh & Sue Savage-Rumbaugh）以图形文字进行的研究，类人猿的语言习得研究就这样继续着。纵观所有这些研究，虽然很明确地表明类人猿能够掌握几百个单词和符号，但这些单词和符号基本上都是同实物与现象呈一一对应关系的。

接下来，在使用符号交流的单次互动过程中，计算一下类人猿平均使用了几个符号，也就是计算一下平均话语长度（mean length of utterance，MLU），就会发现结果全都不超过2。也就是说，打出了手语“打开”，就把东西打开，然后交流就结束了；又或者是比画了“苹果”，仅此而已。像这样仅仅表达一个符号，且一个回合就结束交流的情况很多。虽然也会出现“苹果、苹果、苹果、苹果”的表达，但这只是单纯在重复表达同一个符号而已。如果把这种重复表达的情况除去，平均话语长度根本达不到2。

在语言行为研究领域，行为心理学家斯金纳（B. F. Skinner）将语言分为要求（demand）和标示指称（tact）两种。

要求让人联想到诸如命令（command）这样的词语，是表达提出要求、想要某样东西的语言行为。标示指称则是起记述功能的语言行为[①]。

以大猩猩的手语为例。在看画册的时候，如果出现了鸟的图案，他们会指着耳朵，比出“听”的手势。这并不是在说让你“听一下”，而是他们看到了眼前的鸟，就联想到了鸟的声音，这就是标示指称的例子。

从大型类人猿的研究结果来看，我们知道他们不一定只是提出要求、要东西，也会频繁出现记述现象的语言行为。这样的例子在街头巷

① 要求：要你想要的东西；标示指称：命名或识别一个物体的名称，也就是看到一个物体后说出它的名字，但并不是想要那个东西。

尾反复流传，人们就认为类人猿已经学会了语言。但是，我始终同诸如此类的热议保持着一定距离，或者应该说是保持着很大的距离。

以我的立场来说，不论是要求还是标示指称，大型类人猿习得的语言全都是对第一级符号的使用。比如说，不论是“铅笔”的图形文字，还是其手势符号，用行为语法来解析的话，不过是眼前有一支实实在在的铅笔，就选择了某个文字或者比了某个手势，仅此而已（见图 34）。

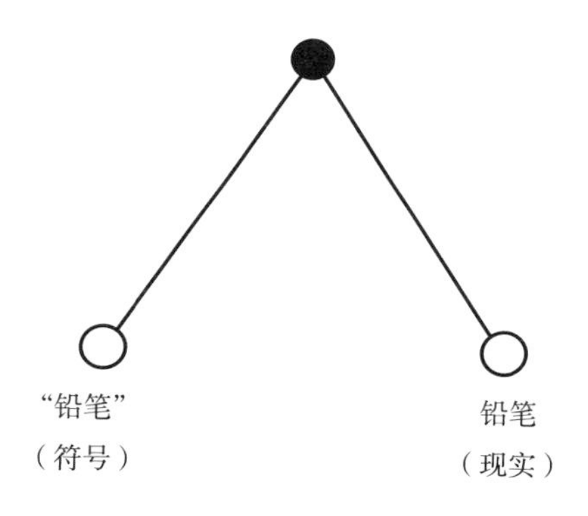

图 34　第一级符号使用

在工具使用方面，目前尚未发现野生黑猩猩使用过比第三级更复杂的工具。把楔子石放到砧板石下面，再在砧板石上放上果核，用锤子石砸果核。这就是最复杂的工具使用了。那么，最复杂的符号使用是什么呢？就我自己的研究而言，给黑猩猩小爱看 5 支红色的铅笔，她会从电脑键盘上选择数字“5”、表示颜色的图形文字“红色”，以及表示物体的图形文字“铅笔”。这同样相当于第三级的符号使用：把表示颜色、物体和数字的符号组合在一起，用“5 支红色的铅笔”这个句子记述现实的目标。用树状结构来表示就如图 35，是第三级的符号使用。

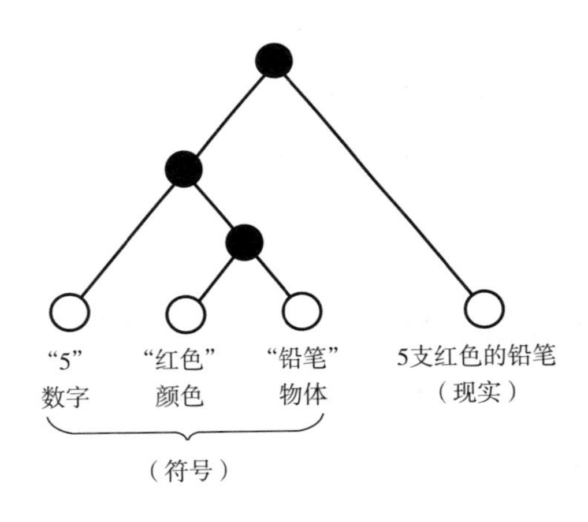

图 35　第三级符号使用

在这种情形下，词语的先后顺序并不一定是明确的。就如同楔子石和砧板石之间的顺序不明确一样，颜色和物体在句子中的顺序也不是固定的。小爱有的时候会选择“红色”“铅笔”，有的时候则会选择“铅笔”“红色”，但数字一定会被放在最后。小爱在自发地创造语法规则。小爱造出的句子有“红色”“铅笔”“5”，也有“铅笔”“红色”“5”，但这并不表示不存在规则。在这个从语法来看相当于只用名词来表达的句子中，存在着这样一个语法规则："颜色或者物体在前，数字放在最后。"

至于为什么会形成这样的规则，无法用小爱过去的经验来说明。她学习的顺序是"物体、颜色、数字"，因此如果她固定按照"物体、颜色、数字"来作答的话，就可以说是根据学习的顺序来决定的。相反，如果说最新学会的东西记忆最清楚，则应该是"数字、颜色、物体"这样的顺序。但实际的情形却是，颜色和物体两者任选其一，放在前面，最后是数字。

如果这样的语序并非来自经验，那么应该如何解释呢？有一种可能是，小爱在分析物体、颜色、数字这三种属性时，有容易认知和不容易认知的区别。就这个例子而言，小爱当时正好学到数字 6，正处于"要正确认知数字，不能答错"这一建立自信的过程中。"铅笔"已经掌握了，"红色"也弄清楚了，数字则处于"嗯……是几呢？这个大概是 5 吧"的认知过程中，这就反映在了语序，也就是在电脑键盘上选择按键的顺序上。

虽然在这里小爱记述的只是颜色、物体和数字三个方面，但她并不是不能认识目标的其他属性，也不是无法应用。铅笔这东西，是圆还是尖？是长还是短？是硬还是软？是和纸相关还是和布相关？我认为，小爱可以在生活中认知铅笔这一物品各种各样的属性。为什么呢？因为她会使用第一级符号。

黑猩猩能认知的属性有多少种？因为没有通过实验确认过，所以无法断言，但我想恐怕不会有局限吧。以铅笔为例，我们所能想到的属性，哲学术语叫“内涵”，包括它是尖的、可以用来写字、是细长的、有黑色的铅芯等，针对“铅笔是什么东西”的描述有无限多种形式。我认为，黑猩猩有可能逐一学习所有这些属性。

针对铅笔的各个属性，只要思考“尖”这个形容词所对应的特征，或者“能写字”这个与功能相关的事项就可以了。试着把级别理论扩展一下，图中的节点不只可以代表物体与物体之间的关系，也可以代表现象与现象、物体与现象之间的关联。这些全都属于第一级别。像这样拓宽思维，我认为是妥当的，黑猩猩理应能够习得这样的符号。

更进一步，我们便能构想出基于行为语法的认知功能等级理论。假定在工具使用中的“根据物与物关系而确定的节点数”，可以扩展到符号使用中，并且不管对什么属性的认知，在判断等级时都视为等价，那么由此推测，黑猩猩能够使用第一级符号，也能使用第二级和第三级符号，但应该不会出现综合四种以上的属性、用四种以上的符号序列来形容铅笔这一个物品的情况。

如果只聚焦于眼前的某一支铅笔，可能也会出现更复杂的节点记述。但是，如果我们坚持声称黑猩猩习得的是语言，他就必须针对一切事物都能使用同样的等级来表达。为什么要称为语法？就是因为从本质上说，语法是不受单个物体的颜色、数量等因素制约，能让无限多种表达成立的结构。

我猜想，黑猩猩不会使用结构超过三级的符号或者工具。这个级别到底意味着什么呢？以行为语法为基础应运而生的认知功能级别理论，其核心问题可以说就是“关系”，是将物品与物品、现象与现象、物品与现象相关联。我主张的理论认为，在黑猩猩的认知世界里，不存在超过三段关系的事物。

总结一下：以行为语法的视角来分析工具使用，可以认为存在等级结构，其复杂度用节点数来表现。使用行为语法来解读被称为类人猿语言的东西，也会发现存在同样的等级，有能记述节点复杂度的句法结构。衡量节点复杂度的级别是一致的，不论是工具使用还是符号使用，都可以通过节点数，也就是等级来表达。我们已经确认，黑猩猩具有三级结构的认知能力，而人类的认知能力能达到四级、五级、六级……复杂度不断提高。这是黑猩猩和人类认知世界的本质区别。以上就是我的主张。

人类独有的元认知

提到等级，实际上还有一种，与前面讲过的等级不同。那就是自我嵌入结构的等级，换言之，就是递归结构的认知等级。

具体的例子是“与语言相关的语言”，即记述语言的语言。例如，形容词、副词等有词性，词性这种概念就属于形容语言的语言。

虽说黑猩猩等类人猿记住了很多词，但有几个词在他们的词汇表中显然不存在，这就是具有递归性的语言。到目前为止，没有研究声称类人猿能够学会“形容词”这个词。

在黑猩猩的概念中，没有关于语言的语言、关于交流的交流、用于制作工具的工具，诸如此类的东西。这些概念与递归相关，往更复杂的一级发展，可以用“元”（meta）这个前缀表达。所谓元语言就是有关语言的语言，元交流就是有关交流的交流。从这个视角出发，大型类人猿的语言习得与工具使用，不仅在层次上有节点的限制，也缺乏递归特性的认知。

递归性的认知，或者说元层次的认知，是人类所固有的。

元认知可以延伸到“理解他者之心”的社会认知发展。黑猩猩并不具备“理解他者之心”的心智，至少没有明确的证据证明这一点，他们也没有递归阶层结构的认知，没有冠以“元”层次的认知。

要证明元层次的认知是否存在，目前在理论上是不可能的。也许黑猩猩真的存在元认知，但是要怎样证明，目前还没有想出办法。而人类具备了表达元认知的语言和行为，因此可以确定地说“有”。

理解“他者之心”

有一个研究元层次认知的实验叫作“错误信念任务”（false belief task），方法是给被试设定一些场景。虽然有各种各样的例子，但是我想介绍的是平田总创立的实验。

> 登场人物是一个男孩和一个女孩。
>
> 女孩提着装有果汁的野餐篮，走进房间里。她想带着冰镇

的果汁去野餐，所以把果汁放进了冰箱，然后把野餐篮横过来放好，离开了房间。

接着，男孩进入了房间。大概是肚子饿了吧，他打开冰箱，发现果汁正在冰箱里冷藏着。男孩想：啊，这瓶果汁看起来很好喝。他虽然想喝果汁，但是没有杯子，于是又离开了房间。

女孩再一次进入房间："啊，果汁已经冰镇好了！那就可以出发去野餐啦。"她把果汁拿出来，放进了野餐篮里，然后走出房间去换衣服。

男孩拿着杯子回到了房间里。他会去哪里呢？是去冰箱那里，还是去野餐篮那里？

给接受测试的孩子观看这样的场景后，提出问题："男孩接下来会去哪里？"3岁以下的人类孩子会回答："去野餐篮那里。"如果问他们为什么，孩子会说："因为果汁在野餐篮里。"对3岁以下的孩子而言，一切都是从自己看到的出发，果汁被女孩放进了野餐篮里，所以就应该在野餐篮里找。而4～5岁孩子的答案则是："拿着杯子的男孩会去冰箱那里。"因为"果汁刚才在那里，那个男孩是这么认为的"。

这个研究的结果非常清楚地区分了3岁以下孩子和4～5岁孩子的认知等级。人类要长到4～5岁才能清楚地分辨，自己看到的世界和别人看到的世界是不同的。

所谓理解他者之心的心智，用先前提到的概念来描述，就是自我嵌入式的递归结构：有关心智的心智，有关认识的认识。这样的认知难度很高。

像这样元层次的认知，对黑猩猩来说很困难，对 3 岁的人类孩子来说也很困难。请注意，3 岁人类孩子的心智和 3 岁黑猩猩的心智是不同的。

这个题为“会去哪里”的研究任务，需要使用语言提问，这样的研究方式不能用于黑猩猩。要怎样才能将“错误信念任务”以恰当的形式移植到黑猩猩身上？不同的研究者在尝试各种各样的实验，虽然也有部分研究已经被写成论文发表，但到目前为止，这个问题还没有定论。

只需找到一个反例

请允许我稍微说点题外话。要想说“有”，只要举出一个例子就可以。只要能找出一个“有”的证据，就能证明有。如果对下一章要讲的“小爱项目”长期以来的逻辑结构进行验证，就会发现它采用的正是个案反证的方法。

关于小爱项目的第一篇论文于1985年刊登在《自然》杂志上，题目是《一个黑猩猩的数字使用》。并不是说所有黑猩猩都有使用数字的能力，而是有关“一个黑猩猩能使用数字来表达数目”的报告。就科学研究来说，这已经足够了。为什么？因为个案反证是一种公认的科学论证方法。

1985年以前，谁也想不到，人类以外的动物也会使用数字，能够表达数的概念。当时的常识是，人类以外的所有动物都做不到。在人类以外的动物中，哪怕只发现了一个例子，表明动物能够理解数字概念，就能成为“可以”的证明。只要有这么一个例子，就能成为科学事实，证明并不是“所有动物”都不能做到。

我的研究针对“人类在各个认知领域里都凌驾于所有其他动物”的常识进行了反证，运用个案反证的逻辑，向世人展示“小爱会这个，小爱会那个，小爱还会那个”，用这些一直延续至今的研究证明了我们之前所抱的常识是错误的。

至于“没有”，如果我是使用大鼠或小鼠做实验，就能提出相当切实的证据来加以证明。但是，进行黑猩猩这样个体数量有限的研究，要证明“不行”或者“没有”是非常困难的。

因此，我要证明的是“有”。但要想表现出“有”，比如证明黑猩猩具备元层次的认知，将其转化为具体的任务非常困难。只要能想出具体的任务，研究基本上就等于完成了。我与黑猩猩相处至今，一直都在思考着这个问题。

研究黑猩猩的心智，为什么非要跑到非洲呢？这是因为他们的野外自然生活状态，为如何把现实中的具体课题转移到实验室里去证明提供了线索。为了寻找用来进行个案反证的切入点，我开始了日复一日对野外黑猩猩的观察，并坚持至今。

借助黑猩猩探究原始人类

请大家再一次仔细地看看第1章的图1“人类的亲缘关系系统”。黑猩猩属里有黑猩猩的4个亚种，再加上倭黑猩猩，他们和人类在500万年前有着共同祖先。我们进行的是以黑猩猩和倭黑猩猩为对象的比较认知科学研究。

针对工具使用的比较认知科学研究，意义何在？实际上，比较认知科学旨在以实例展示该学科对解析、解读人类心智的进化历史有何帮助。

首先从分类的话题谈起。南方古猿属和人属在哪些方面分化了？很多人认为是形态，其实这个观念是错误的。

人类的定义是“双足直立行走的猿类”，但南方古猿属和人属都是双足直立行走的。枕骨大孔是位于脑颅后部的孔，神经从这里穿过，可以从枕骨大孔的位置判断出某种动物是直立行走还是四足着地行走的。

从这个角度来说，南方古猿属也是不折不扣的人类。

一般来说，人属的脑比南方古猿的大。但是，被认为属于直立人的弗洛勒斯人，脑容量反而更小。由此可见，通过脑容量大小也不能区分。

实际上，石器制作技术和人属是同期出现的，人属化石与石器一起被挖掘出来。也就是说，人属就是会制作石器的人。然而，虽然出土了石器，我们却并没有弄清楚他们是如何使用石器的。

在非洲的黑猩猩里，只有我们长期观察的几内亚黑猩猩会使用石器。我在 2008 年的时候想到，既然如此，把人属动物过去使用的石器拿来给黑猩猩用用看，难道不是很有趣吗？这就成了一门新兴的学科，叫作“灵长类考古学”。我的研究伙伴是当时在剑桥大学的研究生苏珊娜·卡鲁·巴里（S. C. Barry）。

首先，我和她一起去了东非的肯尼亚，造访了非常著名的人类化石发掘点——位于肯尼亚图尔卡纳湖东岸的库比·福拉，这里是能人化石出土的地方。当时天气非常炎热，白天的气温高达 50 摄氏度左右。

我们到那里时，化石人类学家正在发掘脚印化石，大概是能人或者南方古猿中的一种留下的。虽然不大清楚，但是从这些 200 万年前的地层中挖掘出的人类脚印来看，他们脚的大小与我自己的脚的尺寸基本一样（见图 36）。

图 36　在肯尼亚库比・福拉挖掘出的 200 万年前的人类脚印和笔者的脚

（摄影：松泽哲郎）

化学人类学家用测定光反射的装置，测量出脚印中各点到地表平面的距离。用颜色表示深度，脚的形状就鲜明地浮现出来。首先，脚底的长度和现代人几乎完全相同，由此可以推测他们的身高可能和我们差不多。其次，也能清楚地看到足弓。通过脚底有足弓这件事，就能知道他们经常直立行走。

基于与美国罗格斯大学古人类学者杰克・哈里斯（Jack Harris）所

属研究团队开展的共同研究，我们把肯尼亚的石头带到了几内亚（见图 37）。也就是说，我们把能人（其拉丁语意为“制作工具的人”）可能使用过的作为工具素材的石头带到了博所，试着把石头交给黑猩猩，结果黑猩猩毫不犹豫地用了起来。

图 37　从肯尼亚带到博所的石头（摄影：松泽哲郎）

以往的考古学是调查和研究过去遗迹的学问；而灵长类考古学作为一个新学科，则是研究过去的工具现在如何被使用。以往的考古学是针对人类的遗迹进行调查；而灵长类考古学不同，调查的是人类以外的灵长类的遗迹。

至此，灵长类考古学作为一门学科宣告成立了。

实际上，这样做的优越性在于，可以用黑猩猩来检验石器会如何被使用。我们无法让南方古猿再现使用石器的场景，但可以通过黑猩猩找出石头是如何被使用的。通过黑猩猩的行为，大概就可以发现："啊，原来还可以这样使用啊！"

接下来，我想以具体的例子来展示。

把从肯尼亚带来的石头拿给黑猩猩时，我们发现了有趣的事情。10岁的黑猩猩男孩杰杰用那块石头砸开了坚硬的油棕果核。巧合的是，当时黑猩猩用作锤子石的是来自肯尼亚的坚硬的玄武岩，做砧板的石头则是来自博所的柔软的铁矾土石。

如果继续砸油棕果核，砧板石的中间就会开裂，咣的一声重击下去，砧板石就一碎两半了。这个黑猩猩砸完之后，仔细窥看，仿佛在想："咦？裂啦，怎么回事啊？"呆呆地站在了那里（见图38）。

此前我们也曾经观察到由于重击使砧板石碎裂的情况，在我调查中的某一年内，总共发生了7次。意味深长的是，裂成两半的砧板石，之后会被当作锤子石使用。

图 38　仔细窥看砸碎的石头（上），呆呆地站着（下）（摄影：松泽哲郎）

砧板石裂开之后，黑猩猩就把石头原模原样地放在那里，直接当作锤子石使用了。在黑猩猩离开之后，我们把所有石头摆放的位置全部改变。哪怕是这样，还是观察到了把砸裂的砧板石当作锤子石使用的现象。但是，使用者并不一定是将它砸碎的那个黑猩猩。

依照定义，这种对砸碎了的石头进行二次利用的情形就是制作石器。用石头敲击另一块石头，让其改变形状，并用作其他用途，这当然能称得上是石器的制作。请试着进一步挖掘这一行为的意义：用石头敲击石头，把石头砸碎。前面讲过，南方古猿属与人属的重大差别就在于能否制作石器，有没有留下石器制作的痕迹。那么人属为什么要制作石器呢？他们是经过了什么样的进程，才变得会使用石器了呢？

阿法南方古猿的脑容量和黑猩猩基本相同，约为 400 毫升；而能人的脑容量则为大约 800 毫升。依照现今的主流教科书的解释，大概会说是因为能人的脑容量“大幅度增大”，所以他们会制作石器。

但我认为，这并不是正确的解答。我想问的是：为什么脑容量增加了一倍，就会制作石器了呢？迄今为止，谁也没有想到要对此提出疑问。

作为新学科的灵长类考古学，恰恰能解答这样的问题。通过把也许曾被能人使用过的石头拿给黑猩猩，我们弄明白了石头被使用的方式。人类到底是如何制作石器的？

我们的回答是：“那是偶然的发现。”

油棕果仁是重要的食物来源。黑猩猩用石头去砸坚硬的果核，使得砧板石偶然间裂开了。他呆呆地站在那里看了一会儿，说道：“啊！这大概可以当作合适的锤子石来用。”于是就把这块石头当作锤子石了。这就是石器制作的第一步。

假设这个呆站着的黑猩猩孩子，一次又一次把石头砸裂，那就会变成“黑猩猩制作石器”的大发现了。然而，这样的场面至今还没有观察到。黑猩猩的认知能力就止步于此了吗？又或者，是黑猩猩向石器制作发展的进程尚未被我们观察到？真相如何，目前尚无定论。

6

教育和学习

人类的教育方式是传授和认可

到目前为止，我们主要讲的是野生黑猩猩。下面要讲讲生活在京都大学灵长类研究所的人工饲养环境下的黑猩猩了。小爱项目是一个人类和黑猩猩的认知功能比较研究项目，在序言里我已经提到过，这个项目的名称来自我的研究伙伴——雌性黑猩猩小爱。

教类人猿学习语言

在我们的研究之前，就有人进行过类人猿的语言习得研究，主要调查黑猩猩的认知功能。

20 世纪初德国心理学家沃尔夫冈·柯勒（Wolfgang Köhler）的著作《人猿的智慧》，代表了类人猿语言习得研究的前期阶段。柯勒的实验发现，黑猩猩会把两根棍子接起来，去获取用一根棍子够不到的香蕉。如果把香蕉挂在天花板上，黑猩猩会把箱子推到香蕉下方，爬到箱子上去取香蕉。

以柯勒的实验为基础，1960—1980 年，研究者开展了教授黑猩猩语言的研究，初见成效的案例是教授手语。此前也有人尝试教黑猩猩发声说话，但效果不佳；教手语则取得了不错的效果。

语言必须具有双向交流的特性。黑猩猩比画出“打开”这个手语之后，人就把门打开。人比画出“打开”的手语，黑猩猩也会把公文包的盖子打开。

我们常常听到别人说："我们家的狗很聪明，听得懂人话。把球丢出去，然后对它说'去捡回来'，它就捡回来了。"但是，狗不会对人类说"去把球捡回来"，这种交流不是双向性的。

因此，在黑猩猩手语研究中，划时代的事情是：黑猩猩与人类使用同一种媒介，进行了双向交流。

在发现可以用手语同黑猩猩交流之后，又有人用大猩猩、猩猩做了类似的研究。接下来，研究者还尝试了用塑料片语言替代手语。研究就这样继续着。

小爱项目是这些类人猿语言习得研究中开始得最晚的。小爱通过电脑，学会了图形文字、日文汉字和阿拉伯数字，渐渐驰名世界。

最初决定在灵长类研究所开展类人猿语言习得研究的并不是我。1976 年年末，当时 26 岁的我以助手的身份到灵长类研究所赴任。那个时候，我还不清楚自己应该研究什么、如何研究才好。我的老师室伏靖子认为，在日本也应该开展类人猿的语言习得研究，于是在 1977 年引进了黑猩猩，这个黑猩猩就是当时 1 岁的小爱。

从哲学转行心理学

首先想介绍一下我本人研究黑猩猩所走过的道路。

我是 1969 年上的大学。那一年由于学潮，东京大学停止考试招生。我原本的志向是哲学，于是上了京都大学，毫不犹豫地选择了哲学专业。京都大学是哲学的殿堂，有着从事“善的研究”的西田几多郎、田边元、田中美知太郎等哲学大师。但是，在那个学潮纷争的时代没法上课。我只得参加了登山社团，开始爬山，爬着爬着，就丧失了做学问的动力。当时，一年里我有 120 天都在登山。

确切地说，我入学后先是进了文学部，并没有立刻进入哲学专业。本科生要先进入文学部，到大三的时候，哲学与文学才会分科。由于我最初想读的就是哲学专业里的哲学，所以选择的志愿是“纯哲学”。

哲学系的主任是写了一本岩波新书《笛卡儿》的野田又夫。当时，京都大学的哲学系会聚了一批知名教授，包括研究柏拉图、苏格拉底的藤泽令夫，研究黑格尔、海德格尔的辻村公一，研究中世纪经院哲学的山田晶。

野田教授在选系介绍会上说：“以哲学系为志愿的同学，在升入大三之前，请务必学会德语、法语、希腊语和拉丁语。”的确，为了阅读原著，学哲学必须懂得这么多语言。

但我不想当语言学家，也不想阅读哲学原著。对于一个登山者来说，所谓书籍，无论上面写了什么，都只不过是白纸上打印出来的黑色墨迹罢了。一辈子做一个读着白纸黑字的书虫，是我无论如何都无法忍受的事情。我不想过这种只有读书的生活，于是一年里有 120 天都在登山。我向往大自然中的生活。

虽然不想读书，但我对“见”“明”“知”等哲学问题还是很感兴趣的。就这样，在大学里第一次接触到的心理学这门学问，深深地吸引了我。

正好在那个时候，美国贝尔实验室的科学家贝拉·朱尔兹（Béla Julesz）发明了随机点立体图。只要使用某种装置，让左右眼的视线合并在一起，就能从一堆看似杂乱的黑白图案中看到鲜艳的三维立体视觉效果。习惯之后，更是用裸眼也能看到。

在心理学领域里，有很多优秀的教授提出了非常本源的问题：

· 为什么人有两只眼睛，而不是只有一只？
· 为什么两只眼睛不是上下分布，而是左右分布？
· 眼球中的玻璃体是凸透镜，外界的影像透过视网膜倒立成像，但为什么我们看到的影像是正的？

心理学教授不断甩出这样的问题来。虽然都是极具哲学性的问题，但是实际上都可以用经验与实证科学来解释，这让当时的我大吃一惊。

现在想要攻读心理学的人，脑海里描绘的大概都是临床心理学吧？他们想着情结呀、心理疾病呀，为此去学习心理学。而我的情况并不是这样。进入大学后，我接触了实验心理学，尤其是对人类视觉的研究，理解了可以通过科学研究来解答哲学问题。

于是，在大三、大四，我一直做着人类双眼视觉的研究。那两年间，我猛然领悟到一件事情。

并不是眼睛在看，认识世界的不是眼睛，而是大脑。眼睛只是大脑的外在窗口而已。

因此，我开始思考，应该去研究两个大脑半球，而不是双眼。

老鼠的裂脑研究

当时，我对大脑研究的兴趣在于裂脑研究。美国科学家罗杰・斯佩里（Roger Wolcott Sperry）和迈克尔・加扎尼加（Michael Gazzaniga）刚刚开始发现大脑左右半球的功能不同。因此，我那时对调查左右脑不同功能的裂脑研究非常着迷，认为那是一个很棒的研究领域。1980 年，斯佩里获得了诺贝尔奖。而我在 20 世纪 70 年代早期，就注意到了那个研究的重要性，这件事让我觉得自己很有先见之明。

在京都大学文学部弄不到猴子，没办法，我只能用老鼠来做脑研究。我的老师是平野俊二，他师从美国心理学家詹姆斯·奥尔兹（James Olds）。奥尔兹是心理学教科书中一定会出现的人物，他是自我刺激范式（self stimulation paradigm）的创始人之一。他发现，如果在下丘脑位置插入电极，就能刺激快乐中枢，于是老鼠便会成千上万次地不停按动发出刺激的杠杆。做出这一重大发现的人，就是我老师的老师。

当时，平野老师刚刚从大阪市立大学调到京都大学做副教授，我是他带的第一个学生，也是当时唯一的学生，从入门到精通，一切都是老师的真传。为了测量脑活动，我们做了银球电极，用牙科所用的黏合剂进行固定；在老鼠的头骨上开一个孔，让脑硬膜露出来，并记录脑波；在脑的海马处插入电极，进行电刺激；将测量完的脑取出，进行处理，固定后做成冷冻切片，进行尼氏染色。所有这些都是一对一教学。

以老鼠为研究对象进行裂脑研究，有着明显的优点：实验具有可逆性，能让实验对象的脑恢复成原本的健康状态。斯佩里等人所做的裂脑研究，把胼胝体[①]切掉了，是无法恢复的；而我们所做的可逆裂脑则是在老鼠的大脑表面放一片钾晶体而已。神经细胞通过钠离子和钾离子的变化进行电活动，在大脑表面放置钾晶体能抑制电活动，因此大脑活动会暂时被抑制，只要用生理盐水冲洗干净就能恢复。对人类癫痫患者、猫、猴子进行的裂脑手术具有不可逆性，接受手术者是无法再恢复

---

① 胼胝体是哺乳动物大脑中最大的白质纤维束，连接左右两个脑半球。

到手术前的状态的，但用我们这种方法处理的老鼠可以复原。基于这个优点，我们进行了老鼠的裂脑研究，这是我在研究生院读硕士时的事情了。

读研的两年半里，我对老鼠的脑进行了研究。总结这两年半的感悟，可以概括为“研究并充分了解了老鼠的脑，但对人类的脑基本上还是不了解”。老鼠的脑是无脑回的，光光滑滑，没有沟回，找不到像人脑那样分为左右的脑半球，也没有左右脑不同分工导致的功能差异。

利用语言习得，揭示黑猩猩眼中的世界

我在本科阶段研究人类视觉，在研究生阶段研究老鼠的脑和行为。正在做这些的时候，京都大学灵长类研究所的心理研究部门公开招聘助手。猴子的心理学是一门非常新鲜的学科。我开始试着把自己拥有的关于人类、视觉、脑、行为的知识和技术用在猴子身上。

我在应聘申请书上写道：“想要通过行为和学习的研究，尝试验证猴子作为非人类的生物，眼中看到的世界是什么样的。”直到现在，我始终在沿着这条道路前进。寻思起来，基本的东西其实全都没有改变，26 岁时的构思一直持续到了今天。

至于具体的构想和计划，我打算用同样的设备、同样的方法，对人类和非人灵长类进行比较。那个时候，我能想到的就是自己在人类视觉研究中学到的心理物理学的测定方法。

当时流行的类人猿语言习得研究，主要聚焦于“黑猩猩说了这个”“大猩猩理解了那个”之类的语言交流。再有就是报告他们对手语符号或塑料片的选择，然后通过语言解读加以说明。这些方法怎么看都感觉不够科学。

于是，我从其他切入口考虑了这个问题。如果要做感觉、知觉、认知、记忆的研究，可以用同样的装置、同样的方法，对人类和黑猩猩进行严密、科学、客观的比较。这就是我当时的目标。

基于这样的想法，我开启了与以往的类人猿语言习得完全不同的研究。研究的问题不同，使用的测量方法也不同。

具体来说，我是从检测黑猩猩的颜色认知开始的。我给黑猩猩小爱看红色的纸，让她选出“赤”这个日文汉字；然后反过来，给她看“赤”这个字，让她在几个颜色中选出红色。接下来，我教小爱学会了11种颜色的名称：“赤”（红色）、“緑”（绿色）、“黄”（黄色）、“青”（蓝色）、“茶”（棕色）、“桃”（粉红色）、“紫”（紫色）、“橙”（橙色）、“白”（白色）、“灰”（灰色）、“黒”（黑色）。日本猴是学不会这些的，但黑猩猩可以。

根据之前的研究，我们了解到黑猩猩能在某种程度上理解文字和语言，于是决定让黑猩猩学习这种颜色与文字的对应。至于这样的文字算不算语言，我并不在意。说是语言也好，说不能称为语言也罢，文字只是一种媒介，教小爱文字只是为了客观地引出黑猩猩眼中看到的世界。

如果黑猩猩能用文字回答出颜色，这个事实本身就非常重要。孟塞尔标准色卡由色调、亮度和饱和度三个维度组成。通过给黑猩猩看各种颜色的色卡，我们证明了黑猩猩看到的色彩世界与人类看到的非常相像。

1985 年，小爱作为掌握了数字的黑猩猩，被刊登在《自然》杂志上。她是全世界第一个会用阿拉伯数字表达数字概念的黑猩猩，因此名扬天下。她不仅理解 1 ~ 9 的数字，连 0 这个数字的意义也能理解。

小爱不仅会使用阿拉伯数字，而且还会使用图形文字、日文汉字和字母。但我教她这些符号不是为了交流，也不是为了调查黑猩猩的语言功能。文字终究只是媒介，我的研究是要通过这一媒介，了解黑猩猩如何分辨颜色、如何识别形状、如何理解数字概念。

我将在本书的第 7 章介绍这些堪称小爱项目原型的研究成果，更详细的内容请参阅《黑猩猩眼中看到的世界》。就在这样连续进行研究的过程中，2000 年，小爱生下了儿子小步。于是，作为小爱项目的拓展研究，我们又启动了认知发展研究项目。小爱所展现出来的黑猩猩的智慧，是如何发展出来的呢？认知发展研究项目是黑猩猩的心智发展与人类心智发展的比较研究。

我们用同样的装置、同样的方法，比较研究了人类和黑猩猩的感觉、知觉、认知与记忆。但要如何做，才能对这类心智功能的发展过程进行比较研究呢？这就是认知发展研究项目的第一个研究课题。

在“相同的环境”下比较人类与黑猩猩

在 20 世纪近百年的时间跨度里，以心理学家为代表的科学家们曾经做过一些人类和黑猩猩的比较研究。经典的比较研究理论是这样的：在同样的物理环境下养育人类和黑猩猩，二者虽然有非常相似的地方，但一个（人类）开始说话，另一个（黑猩猩）不会说话。因此，语言的出现不是因为环境，而是主要同先天因素相关。

物理环境相同，但行为相异。因此根据这些研究的逻辑可以得出结论：语言的出现不是由于不同的环境，而是由于与生俱来的因素。

我也曾经有机会把小黑猩猩和自己的孩子一起放在家里养育。那个小黑猩猩的妈妈放弃了育儿，没有办法，只好由我养在家里（见图 39）。

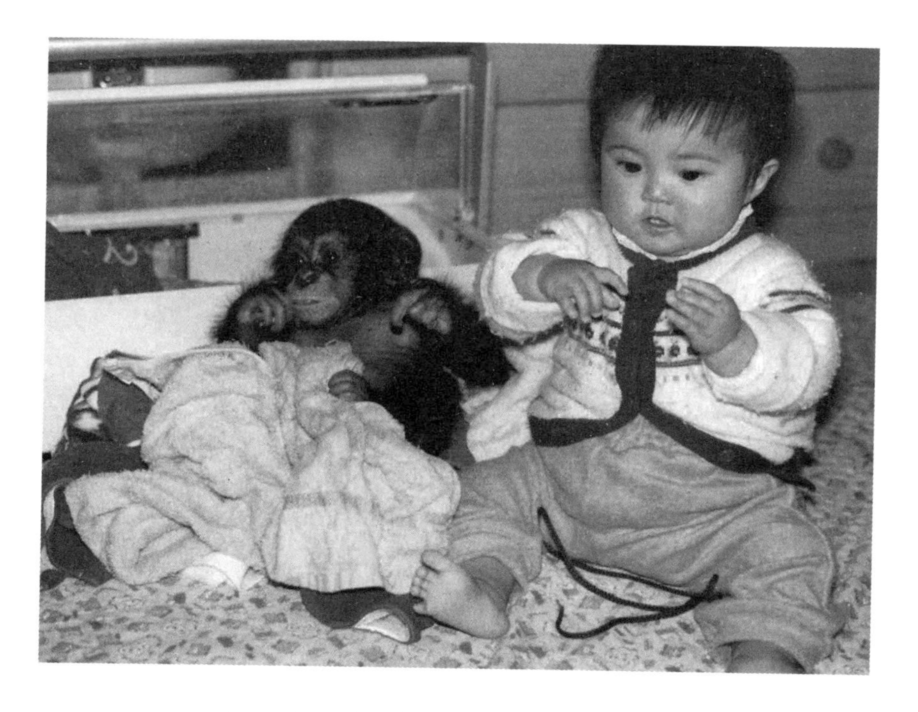

图 39　在人类家庭养育的黑猩猩（摄影：松泽哲郎）

试着养育小黑猩猩之后，我立刻明白了：这样的比较是不公平的。为什么呢？我的女儿有父母，而小黑猩猩没有。我们看到的是不管愿意不愿意、适应不适应，被带离了父母，放到人类这种不同生物的环境中的小黑猩猩。

这样做难道不是很粗暴吗？这个小黑猩猩被剥夺了生存所必需的非常重要的环境。在他的生活环境中，妈妈被剥夺了，黑猩猩朋友也被剥夺了。我看到的其实是在这样的环境中，被迫适应人类世界的小黑猩猩的样子。

被带离了妈妈的小黑猩猩，弓着背，目光涣散（见图 40），简直就像是得了抑郁症一样。这个时候，如果人类饲养员介入进来充当代理妈妈，会发生什么情况呢？结果是，小黑猩猩会牢牢地抓住饲养员。小黑猩猩的本性里拥有对妈妈的强烈依恋，所以会把人类当作妈妈，紧紧地抓着。对于小黑猩猩而言，这个人就成了妈妈。

图 40　年满 2 岁的小步为了做定期体检而被带离妈妈后不安的样子（摄影：松泽哲郎）

正因如此，代替了小黑猩猩妈妈的人如果说“把手放到头上”，他就会用手敲头；如果对他说“去用吸尘器”，他大概就会去操作吸尘器；如果叫他“去和狗狗散步”，他就会去和狗散步。只要了解黑猩猩拥有的认知能力及其对妈妈的依恋，这样的事情就没什么稀奇的。

工作劳累了一天，回到家里打开电视，电视上正放着黑猩猩在做有趣的事情。看到这样的节目，人们或许会哈哈大笑。

身为人类，这样的行为可不好。

黑猩猩不应该被当作展品或者赚钱的工具。如果他们同妈妈、伙伴分开生活，就无法与其他黑猩猩打招呼，也无法发生性行为。

希望大家记得，电视里出现的黑猩猩面部往往呈肉色，那是年幼的特征。黑猩猩的脸在年幼时是肉色的，成年之后则整个脸庞都是漆黑的。也就是说，那些出现在电视节目和广告里的全都是小黑猩猩。他们本来是应该和妈妈待在一起的小孩子，我们人类却出于种种理由，将他们从妈妈身边带离。

或者是为了牟利，或者是兽医随意做出判断：“哎呀，被妈妈弃养了！”于是宝宝便被带离了妈妈。不管是什么理由，哪怕是濒临死亡，也绝对不要把小黑猩猩从妈妈和伙伴身边带走。他们有权利同妈妈、伙伴生活在一起，人类无权践踏他们的这一权利。

黑猩猩属于濒临灭绝的物种，数量正急剧减少。人类不应该把已经名列国际自然保护同盟红色名录的生物当作宠物，也不应该把他们用于娱乐和商业目的。

如果进一步延伸这个主张，就不应该允许欧美心理学家进行那些以母子分离为背景的发展研究。我们不应该为了研究黑猩猩，而给他们带来不幸。我不断努力思考着在令黑猩猩的幸福感一步步提升的同时，调查研究其心智发展的方法。答案其实非常简单。

什么是参与观察法

必须让小黑猩猩由黑猩猩妈妈抚养。

必须让小黑猩猩同妈妈、伙伴生活在一起。

什么样的研究能兼顾伦理上的正确性和科学上的适当性呢？考虑这些方面之后，我选择的全新研究方法是“参与观察法”。

这个方法非常简单明了。小黑猩猩应该由黑猩猩妈妈抚养，那么我们就来研究由黑猩猩妈妈抚养的小黑猩猩的发展吧。

参与观察法就好像哥伦布与鸡蛋的佳话[①]一样，是一种颠覆了当时的常识的研究方法。这种研究方法的基础是研究者要和黑猩猩经过长时间的相处，建立起亲密的关系。这是日本研究的原创构思，有点类似在野外研究中让动物对观察者产生“习惯化”，逐渐缩短研究者与研究对象之间的距离，最后达到一体化。这种参与观察的构思不受基督教人性观的束缚，而是基于人类与动物、人类与自然统一的日本传统文化。2000年小爱生下小步后（见图41），我开始了对黑猩猩认知发展的研究。不仅是我和小爱、小步，还有友永雅己和库萝艾、库莱欧，田中正之和潘、帕鲁，在2000年分别结成了“三人组”。其中两组中的黑猩猩是计划怀孕，另一组是自然怀孕。

这里的重点是结成了“三人组”：小黑猩猩由黑猩猩妈妈抚养，黑猩猩妈妈和研究者的关系良好。研究者凭借长期培养起来的情谊，拜托黑猩猩妈妈：“请把孩子借我一下，我给他做个检查。”这就是参与观察的具体做法。

① 哥伦布发现新大陆后，被国王和西班牙人民誉为英雄，却被贵族瞧不起，他们认为没有什么了不起，只要有船就可以做到。于是，在一次宴会上，哥伦布提出了一个简单的要求，问在场的人有谁能把鸡蛋竖起来，当所有的人都做不到时，哥伦布轻轻将鸡蛋一头的壳敲碎，就把鸡蛋竖了起来，并在离席的时候留下一句意味深长的话：“我能想到你们想不到的，这就是我胜过你们的地方。”这个故事表明事情本来非常简单，但是第一个想到的人很不简单。

图 41　分娩后 9 个小时的小爱和儿子小步，脐带还连着胎盘（摄影：松泽哲郎）

在参与观察法的研究中，可以请妈妈和孩子一起来学习间。如果是测试人类幼儿，我们会在妈妈的协助和守护下提问：“你能不能像这样搭积木呢？”而对于黑猩猩，同样可以请黑猩猩妈妈搭积木，而我们来调查小黑猩猩会如何做。我们不可能给黑猩猩妈妈下指令：“请你教孩子搭积木。”但是可以拜托她自己来做，让妈妈当着孩子的面搭积木。

小黑猩猩在学习结束后，就可以回到黑猩猩族群里去，那里有维持着黑猩猩社会模式的生活在等着他。只有在做认知发展研究的时候，才会请这些孩子来到房间里。给人类的孩子做测试的时候也一样，这样就可以将二者在完全相同的条件下进行比较。

经典的比较研究方法试图把环境控制在同等条件下，但其实根本没有达成这个目标。所以直到现在，我始终致力于在不论物理环境还是社会环境都尽可能接近原本状态的条件下，对人类和黑猩猩进行比较研究。

以这样的方法得出的研究成果，写进了我的两本书里，分别是施普林格出版社于 2001 年出版的《人类认知和行为的灵长类起源》和 2006 年出版的《黑猩猩的认知发展》。

除了这两本书以外，有关认知发展初期的研究成果还可以在友永、田中、松泽编著的《黑猩猩的认知和行为的发展》一书中找到详细的记录。

建设理想中的灵长类研究所

将物理环境和社会环境尽量保持在接近原本的状态，去进行人类和黑猩猩的比较研究。这件事说起来简单，实践起来却要投入大量的时间和劳力。

认知发展研究项目的基础，是生活在灵长类研究所的黑猩猩建立了属于自己的族群，且这个族群已经有了一段历史。如果没有这样的努力，就无法构建出正常的社会环境。

在灵长类研究所里，现在生活着三代共 14 个黑猩猩（见图 42）。和野生黑猩猩不同，由于可以判断父子关系，在这三代之间是可以分辨出父亲和母亲的。

灵长类研究所从创立后的第二年，也就是 1968 年开始至今，一直在饲养黑猩猩。我 1976 年到任的时候，所里只有一个名叫灵子的黑猩猩。这个名字有点恐怖，但它其实取自灵长类研究所的“灵”，也是灵魂的“灵”。

我到任后的第二年，小爱来了，我们有了两个黑猩猩；又过了一年，小亮和玛丽也来了，就这样一路增加着。现如今，小爱也终于到了可以称为中年的年纪了。灵长类研究所自从成立以来，虽然已经经历了 40 年，但还是远远没有达到自然群落的状态，成员由各个年龄段的个

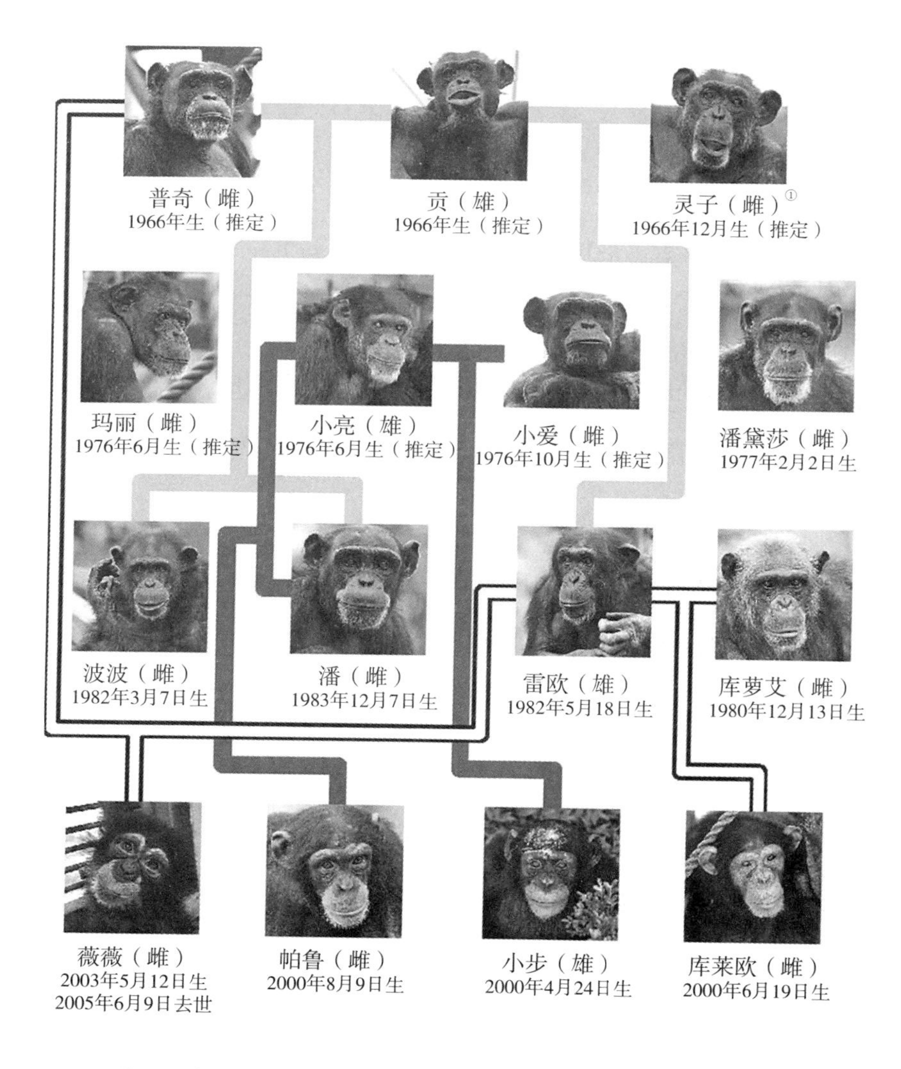

图 42　灵长类研究所的黑猩猩家族谱系图（照片提供：灵长类研究所）

① 根据京都大学灵长类研究所网站消息，灵子于 2013 年 10 月 1 日去世。

体构成（见图 43，可与第 2 章图 7 进行对照）。这让人再一次深深地体会到，对黑猩猩这个物种的研究，还需要经历更加漫长的岁月。

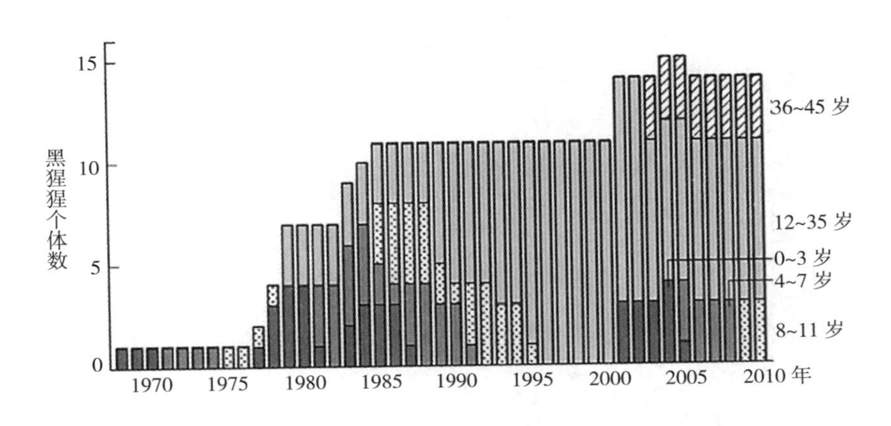

图 43 灵长类研究所黑猩猩数量的变化（每年 1 月 1 日的数据）

研究所里建有高塔，塔与塔之间拉了很多绳索（见图 44、45），想以此让黑猩猩尽可能生活在和非洲森林相近的环境里。我希望能让生活在这种环境里的黑猩猩进行学习。

猩猩、大猩猩、黑猩猩这三个属是现存的人类之外的人科动物，全都具有在树上生活的特性。其实大猩猩也一样会爬到树上生活，尤其是动物园里的西部低地大猩猩，而生活在野外的大猩猩更是以显著的树上生活习性而为人所熟知。

图 44　灵长类研究所的塔和实验室（摄影：松泽哲郎）

图 45　黑猩猩从塔之间拉着的绳索上爬过（摄影：落合知美）

灵长类研究所以特立独行的巧思，推行了种种计划，为的是建构重视功能的环境。我们于 1995 年引进了“三重塔”，现在日本已经有 14 家单位都可以看到这种塔了。这一设施乍看上去好像建筑工地一般，将木材和钢架组合在一起，尽量利用高处的空间。

在以往的动物园里，普遍的做法是让动物配合游客视线的高度，为了让游客便于观看动物而在平面上安排设施。而现在，日本的主要动物园都已经换成像灵长类研究所里那样的高塔了，比如东京都多摩动物园的黑猩猩和猩猩设施、札幌市圆山动物园的黑猩猩设施、旭川市旭山动物园的猩猩设施等。2009 年，英国爱丁堡动物园也建造了同样的设施。2010 年，韩国首尔动物园的黑猩猩运动场里也建起了高塔。

就这样，这种外观看起来并不像非洲的森林，但功能上可以让黑猩猩自由使用三维空间的设施，逐渐增加了。

重视功能的布景方式，正好与“沉浸式景观融合”（landscape immersion）形成了两个极端。沉浸式景观融合为的是制造“动物生活在绿色氛围中”的错觉。有些动物园标榜其设施具有再现生态环境的功能，但实际上人工是无法再现生态环境的。黑猩猩原本生活在数十平方千米的广袤森林里，而在宽敞一点的动物园里，黑猩猩的馆舍就算有 1000 平方米，也只不过是自然环境的万分之一。既然如此，首要的目标应该是尽量让现有空间得到最大限度的利用，这样才能引导出黑猩猩原本应有的行为，丰富他们的感觉。

灵长类研究所里不仅有高塔，在黑猩猩生活的运动场中央还设置了八角形的实验室（见图 44），可以通过地下通道进入。这和普通实验室的设计完全相反：研究者和实验设备被关在实验室里，而黑猩猩则在外面自由自在地生活。我们在这样的场所中，针对人工饲养条件下的黑猩猩进行户外实验，对黑猩猩母子进行了参与观察。

研究实例：搭积木

采用参与观察法，可以在完全相同的条件下比较人类和小黑猩猩的认知发展。下面介绍一个具体的例子：采用这种方法，对小黑猩猩和人类小孩搭积木的发展进行比较。这是我和林美里的共同研究项目。从这个研究中，我们可以了解到什么呢？

小黑猩猩也会把积木搭得高高的。如图 46 所示，一个 2 岁 7 个月大的小黑猩猩搭起了 12 块每边长 5 厘米的积木，最高纪录则是 13 块。

图 46　搭积木（从灵长类研究所提供的录像截图）

人类大体上会在 1 岁半以后开始想要把积木堆高。黑猩猩在其他事情上虽然基本和人类小孩一样，但是搭积木的发展非常晚，不到 3 岁不会自发地搭积木。而且生活在研究所里的三个小黑猩猩中，只有一个会搭积木，剩下的两个虽然也会玩积木，但是哪怕妈妈就在身边搭积木，也不会自发地去模仿。

造成这种现象的原因还不太清楚。大概是在非洲的自然环境中，没有类似搭积木这样，能够通过在平面上叠加，笔直地纵向增高的东西吧。

黑猩猩不仅能把积木搭得高高的，还会在横向上把积木并排排列，一个个连接起来。但非常有趣的是，黑猩猩不会把三块积木横向排列，然后把第四块往上叠。作为模仿研究的一部分，我们试着做了“请照示范做出同样模型”的实验。实验结果证明，黑猩猩搭积木可以往纵向发展，也可以往横向发展，能够进行一维空间的模仿，但不能进行二维空间的模仿。

在人类中，有一种使用积木来测定认知发展的 K 式发展检测法，起这个名字是由于它是在京都开发出来的。在这种检测法中，对二维空间的模仿是最简单的任务。有三块积木，先把一块积木摆好，稍微隔开一点距离再摆上另一块积木，最后在两块积木之间搭上第三块积木，组成一个看起来有点像门的形状。

这个任务对成年人类来说立刻就可以完成，若是不满3岁的人类孩子会觉得稍微有点难，但只要满了3岁就没问题了。然而对黑猩猩来说，哪怕在成年之后，也无论如何都达不到这个水平。黑猩猩只会把积木往一个方向不断叠加，往高了搭难不倒他们，横向排列也没问题，但是要同时注意纵向和横向，对黑猩猩来说却是棘手的任务。他们虽然能够做到关注一维空间，但很难关注二维空间。这就是通过搭积木观察到的黑猩猩认知能力的界限。

黑猩猩妈妈天生就是这样的，并不是我们想让她们怎么搭积木，她们就会怎么搭。虽然她们只会把积木往高处叠，或者横向排列，但是我们还是由着她们去了。不论是小爱、库萝艾还是潘，黑猩猩妈妈们都会搭积木。我们请黑猩猩妈妈搭积木时，也会把积木递给小黑猩猩。如果对人类孩子这么做，他们就会自发地和妈妈一起开始搭积木，但小黑猩猩不会。在黑猩猩妈妈玩搭积木的时候，小黑猩猩一心只想把积木推倒，要么就是自己把积木拿走，跑到角落里自个儿玩。

经过这样的发展测试，我们还有了其他有趣的发现。

其一，在教黑猩猩搭积木的时候，并没有把具体怎么搭都细致地讲到，但黑猩猩会自发地把每个角对齐。这种调整行为无法单纯用学习理论来解释。没人教，才更说明黑猩猩是自觉地达成了目标。

其二，还有一些情况也不能用单纯的学习理论来解释。

在测试中，我们把积木被推倒定义为一次学习结束，之后就会给黑猩猩一小片苹果作为奖励，就这样一次次地请黑猩猩妈妈配合搭积木。根据定义，如果积木塔被推倒，实验就结束了。我们会说一句“好了”，然后把苹果片递给黑猩猩妈妈。接着，我们会把积木打乱，说：“好了，麻烦再搭一次。”再把积木全都递给她，又或者一块一块地把积木递给她，敦促她试着搭搭看。

如果遵循单纯的学习理论，对于黑猩猩来说，积木塔越早倒掉越好，因为这样就可以得到奖励。对自己最有利的方式是搭到差不多的时候就把它推倒，甚至搭到第二块、第三块时就推倒。但是，黑猩猩绝对不会这样做。他们总是想办法把积木搭得高点、再高点，直到再摆一块上去就要倒了时，才不再往上堆了。

通过搭积木的行为，我们弄明白了黑猩猩明显具有对“堆高”这件事的自我强化能力，哪怕有外在奖励的诱惑，他们也不想让积木塔倒下来。

黑猩猩式教育方法

如果用一句话来形容黑猩猩教育和学习的话，就是“不以传授教育，通过见习学习”。这和师徒传承的学习模式很像：晚辈、学徒仔细观察长辈的样子，通过模仿而习得技术，堪称“学徒教育”。

我们在博所的野外实验场观察时，发现小黑猩猩会凑到近处，目不转睛地观察使用石器的成年黑猩猩（见图 47）。成年黑猩猩“咔咔”地砸着，平均每 30 秒砸开一颗果核，技术娴熟的 20 秒就能砸开一颗。小黑猩猩就这么看着。即使他们凑近观察，成年黑猩猩也不会做出“到一边去”的动作，而是放任自由，让小黑猩猩想做什么就做什么。成年黑猩猩的态度非常宽容，但也不会特别传授什么砸开果核的方法。

同样的实验也可以在实验室里进行。出生后的第一年，小步目不转睛地盯着小爱学习的样子，那个情景实在令人印象深刻。他可以用手去触碰妈妈，但并没有那样做，只是静静地观察。

图 47 在近旁专心观察长辈使用石器的小黑猩猩（摄影：松泽哲郎）

通过这些观察，我们明白了黑猩猩教育和学习的三个特征。首先，妈妈或者成年黑猩猩进行演示。他们不会像人类那样一边演示一边说着："不要那样做，要这样做。"而只是单纯地做给孩子看。其次，自发地模仿。小黑猩猩并没有什么特别的理由必须去模仿，但他们还是会这么做。从词源学的角度来看日语的"模仿"（まねる）这个词，是从"效仿"（まねぶ）变成了"学习"（まなぶ）。最后，黑猩猩对孩子非常宽容，孩子在旁边看的时候，绝不会嫌弃他们碍手碍脚而冷酷地把他们赶到一边去。

孩子不只在看，自己也会尝试去做。这叫作试错（trial and error）学习，也就是以通过试验修正错误的方式学习。其实，更应该说是反复尝试（trial and trial）。

有这样一个例子。小黑猩猩把红色的果实叼在嘴里，然后又放在石头上，试着咬了一下，再丢掉，接着又用手敲了敲。接下来，她捡起一颗果核放到石头上，另一只手上也拿着一颗果核，也放到石头上，这样石头上就有了两颗果核。她用另外一块石头作为锤子石去砸，结果因为砸的角度不合适，果核掉了下去。她抱起锤子石扔下去，接着又敲砧板石，用脚踩，用手敲，这时石头上根本没有果核。她又放上一颗果核，再放上一颗，把石头拿起来试试看，接着又朝身后丢去。

就这样一遍又一遍地重复，把果核和石头组合在一起反复尝试。从2岁到3岁，这种尝试她做了很多。

此外，黑猩猩从1岁开始到2岁左右，会跑去抢妈妈正在吃的东西。妈妈也很宽容，就任由他拿去吃了。小黑猩猩还会跑去把妈妈砸开的果核里的果仁拿走。没办法，妈妈只能重新砸果核，结果又被拿走了。我曾经观察到果仁连续7次被小黑猩猩拿了跑掉的情形。妈妈对小黑猩猩真是非常宽容。

如果遵循单纯的学习理论，小黑猩猩取走果仁的行为应该会增加，因为得到了回报，所以这种行为会被强化。可是实际上，从妈妈砸开的果核中取走果仁这样的行为，到了 1 岁半左右就渐渐地变少了。小黑猩猩的下一个阶段是把果核放在石头上用手敲，或者没有果核也用石头敲石头，诸如此类的各种行为渐渐增多。

最终，早的话 3 岁，通常要到 4 ~ 5 岁，小黑猩猩才能成功地砸开第一颗果核。关键在于，要想成功地砸开果核，这个行为必须经过千锤百炼，而食物报酬并不是他们不断锤炼这一行为的直接原因。

尽管没有食物报酬，黑猩猩砸果核的行为却在增加。唯一的解释就是其中存在着食物以外的动机。到底是什么呢？我想恐怕是“想和妈妈以及其他成年黑猩猩做同样的事情”吧。小黑猩猩想和妈妈以及其他成年黑猩猩做同样的事情，这是一种强烈的自发动机，所以他们才会不断用石头砸果核，想要把它砸开。

像这样的黑猩猩教育和学习模式，我把它叫作“不以传授教育，通过见习学习”。黑猩猩式教育方法，同样也是和他们拥有共同祖先的人类教育方式的基础。不用嘴讲授，也不是手把手地指导，而是做出足以作为示范的行为，孩子就跟在后面，依照长辈的做法来照葫芦画瓢。

人类教育的特征

一旦了解了黑猩猩式教育方法，就能够清晰地看出人类教育的特征。

第一是“传授”。黑猩猩是没有传授的。

在传授的最初，人类还会有一个“手把手指导”的步骤，这是第二个特征。如果是人类，会轻轻把着对方的手，说：“应该这样砸。”“这种果仁很好吃的！”或者：“这块石头更好用。”如此等等。更进一步，还会纠正手的姿势，或者指出正确的位置。黑猩猩不会做这样的事情。

在这种手把手指导之后，才是人类绝无仅有的特征，这就是“认可”。具体来说，就是点头、微笑、表扬。黑猩猩妈妈不做这样的事情，黑猩猩中没有首肯和认同。

请大家试着想象一下妈妈和孩子一起到沙滩上玩沙子的情形。两三岁的小孩第一次来到沙滩上，拿着小桶和铲子去玩沙，一定会先看向妈妈，妈妈则会点着头，朝孩子微笑。

孩子娴熟地用铲子铲起沙子放进小桶里，如果铲得好，妈妈一定会看到，会朝孩子微笑，拍手称赞道：“真厉害！”这是人类的教育特征。

人类教育的方式之一就是认可。反过来说，人类孩子也有着被认可的强烈需求。这是人类与黑猩猩之间的一个重大区别，也让我重新意识到，人类教育行为中“认可”这一行为的重要性。

黑猩猩与孤独症

在研究黑猩猩时，常常会发现黑猩猩与人类孤独症的相似性。

我要事先声明，黑猩猩并没有孤独症。反过来，也并不是说被诊断出孤独症的人就和黑猩猩相似。但是，如果我们把黑猩猩的行为和患有孤独症谱系障碍的人所表现出的症状相比较，就能加深对黑猩猩本性的理解，从而更深入地了解“什么是人类”。

黑猩猩在接受搭积木的测试时，不会对观察者察言观色。和黑猩猩面对面，就会感觉到他们和孤独症谱系障碍患者的症状有共同之处。

依照诊断标准，孤独症或孤独症谱系障碍有三种症状。第一，由于和他人的交流存在障碍，不会与人有目光交流。第二，语言迟缓。第三，由于刻板行为，会对特定的事物表现出强烈的关心，注意力高度集中，并不断反复做那件事。

在给黑猩猩做面对面测试的时候，会发现这三个特征几乎完全吻合。

前面提到过，黑猩猩会微笑和相互凝视，但这只是与日本猕猴相比较而言的。即使是黑猩猩，也不会像人类一样有频繁的目光接触，甚至应该说，他们不怎么有目光接触。当然，黑猩猩的语言非常迟缓，如果不是悉心教授，他们根本学不会可以称为语言的东西。最后，他们会把注意力集中在一件事情上，一直不停地反复做那件事。面对面测试搭积木时的情形就是很好的例子：黑猩猩别的什么都看不到，只管一个劲地努力搭积木。

但是，在观察野外的黑猩猩时，并没有发现类似孤独症谱系障碍的行为，他们也不会做出带有不适感的刻板行为。

患有孤独症的孩子，大多会像鹦鹉学舌一般，原模原样地一直模仿电视里的播音内容，这被称作模仿言语（echolalia）。诸如动物园里的熊在栅栏前面反复来来回回的刻板行为，以及人类的模仿言语行为，在野生黑猩猩身上都没有。

之所以没有不适感，有一个理由是在观察野生黑猩猩的时候，观察者把自己的存在当作空气一样，在黑猩猩面前隐身了，和被观察的对象之间没有互动。黑猩猩之间当然有互动，他们会相互整理毛发，一起吃东西。处于这样情境中的他们并没有不适感。

到底还是和人类不一样啊！只有当我们和黑猩猩面面相对的时候，才会让人联想到人类孤独症谱系障碍的症状。总而言之，人类与黑猩猩面对面时，无法很顺畅地沟通。

当我遇到黑猩猩的时候，会把自己完全变成一只黑猩猩，用黑猩猩的气促高鸣或呼噜低鸣打招呼，整理毛发，或者扮出“游戏脸”和他们玩耍，这样就能够进行很好的交流。

可是如果面对面坐下来，想要用人类的方式进行沟通，交流就无法顺利进行。在这种时候，会感觉眼前的黑猩猩表现出来的行为与孤独症谱系障碍的症状非常相似。我开始理解，黑猩猩并没有任何症状，人类和黑猩猩面对面本身就是极其不自然的，或者可以说，这种情形过于人性化了。

脑的发育

除了研究黑猩猩的认知发展，我们也对他们的形态发育做了调查研究。这是我与滨田穰小组的共同研究。我们把黑猩猩麻醉，用磁共振成像（MRI）检测其大脑的正中矢状面[①]，得到了一些有趣的发现。

人类有喉部下降（laryngeal descent）现象，指的是喉腔中长有声带的那个部位会随着成长而渐渐下降，这是人类使用声音语言的形态学基础。实际上喉部下降现象在黑猩猩身上也同样会发生，这是西村刚发现的。

我们也一直在研究黑猩猩的大脑发育，研究脑容量以及灰质和白质的比例会如何随着成长发生变化。这是我与酒井朋子、三上章允等人的共同研究。

大体上，人类脑的大小是黑猩猩的 3 倍。人类的脑容量大约为 1200

① 矢状面（sagittal plane）是解剖学术语。从正中将大脑分切为左右两部分，这一切面就被称为正中矢状面。

毫升；而与此相对，黑猩猩的脑容量大约只有 400 毫升。人类从婴儿开始到成年为止，大脑会不断增大；而黑猩猩也是从婴儿到成年，脑不断变大。人的大脑增长 3.26 倍，黑猩猩的增长 3.20 倍，双方的增长倍数都接近 3.2，并没有多大差别。

我们也调查了其他灵长类，没有发现脑容量增长超过 3 倍的物种。从出生到长大，其他灵长类的脑容量增长基本都是略微多于 2 倍而已，只有人类和黑猩猩的脑容量增长了约 3.2 倍。可以认为，人类和黑猩猩从年幼到成年，记忆了形形色色、许许多多的东西。换言之，这明确表明了人类和黑猩猩是一样的。

学习与文化

学习的临界期

在博所，野生黑猩猩会使用石器砸开油棕果核。在常年的观察中，我们也得到了黑猩猩开始使用石器的年龄的数据。

黑猩猩最早从 3 岁开始学会使用石器。这里存在性别差异，有雄性较迟、雌性较早的倾向。总体而言，正确的说法是雌性从 3 ~ 4 岁开始，雄性从 4 ~ 5 岁开始，就会使用石器了。

但是，成年黑猩猩中也有不会使用石器的。博所的成年黑猩猩中有两个雌性——尼娜和帕玛，她们从不使用石器，也不会使用。

黑猩猩是父系社会，成年雌性都是从周遭的族群迁移过来的。因此很有可能，这些不会使用石器的雌性是在不使用石器的族群里长大的，大概已经过了学习的临界期。

我认为，黑猩猩学习使用石器的临界期是 4 ~ 5 岁，如果在这个年龄阶段还没学会就晚了。那两个雌性黑猩猩是在 10 岁左右来到博所的，已经超过了学习的临界期，所以学不会了。有趣的是，她们生下的小黑猩猩全都学会了使用石器。可见黑猩猩在学习使用石器时，用来作为学习榜样的并非只有妈妈。

在博所，还有个小黑猩猩不会砸开果核，这个孩子名叫雍萝。她的妈妈是会使用石器的，那么为什么她不会呢？在雍萝三四岁的时候，误入铁丝制成的陷阱，有一只脚的脚踝被缠住了，走路时无法着地。于是她的两只手如同拐杖一般，成了移动身体的工具，再要操作物品就非常难了。她就这样度过了 3 ~ 4 岁的时期，现在，她可以把果核放到砧板石上用手砸，却不会使用锤子石。雍萝使用石器的水平就止步于此了。

还有一个小黑猩猩，直到 7 岁才终于习得了这项技能，他的名字叫杰杰。虽然他的妈妈会砸开果核，但是这个小男孩非常迟钝。相反，也有妈妈虽然不会使用石器，孩子却能学会的情况。由此看出，妈妈并不是唯一的学习榜样，如果其他成年黑猩猩也在使用石器，观察其他个体的行为也能对学习有所启发。

灵长类研究所的小爱也不会使用石器。小爱会使用第一级工具，但不会使用第二级工具。然而，小爱使用符号的级别却达到了三级（请参阅第 5 章）。这样的情形应该如何解释呢？

我认为，这全都取决于大脑发育期间，小爱在专注学习什么，问题就在于过去的经验以及学习的临界期。小爱从 1 岁开始就一直在使用电脑符号，而石器则是在她 20 岁的下半年才开始接触的。这就是小爱无法学会使用石器的理由。

对于第一级别的东西，无关经验或学习临界期，只要是黑猩猩就都能办得到。不论哪个黑猩猩都能使用第一级工具、第一级符号，也能掌握手语的符号。但是，手语符号的第二级表达（两个词的句子）、第三级表达（三个词的句子），如果不是从很小就开始学习，大概就很难学会。至于四个词、五个词的句子，即使从很小就开始学习，大概也没办法学会。

文化的传播

最后，还有一个与学习的临界期相关联的主题。我想谈谈黑猩猩的文化传播机制。

雄性黑猩猩留在族群里，而雌性黑猩猩则会离开自己出生长大的族群，迁移到邻近的族群中。因此，如果雌性黑猩猩在不会使用石器的情况下来到博所，由于已经过了学习的临界期，就成了族群里不会使用石器的个体。

但是，也可能有正好相反的情况——学习的临界期过后，已经在自己的族群中学会了使用石器的雌性，从原来的族群迁出来，成为其他黑猩猩学习的榜样，将这个新的行为传播开来。

事实上，西非一带的黑猩猩族群似乎存在着“敲击－砸开文化圈”。虽然东非也有石头和黑猩猩，但东非的黑猩猩族群里并不存在使用石器的文化。在西非，将一组石头作为锤子和砧板，这种石器使用方式只存在于博所。将树根或者岩石的底部等无法移动的物体表面作为砧板，用锤子石或棍棒敲击而把坚果砸开的文化，则可以在几内亚西部的迪耶克森林、东南的科特迪瓦的森林和西南的利比里亚看到。

为什么西非一带的“敲击－砸开文化”呈不断扩散的趋势呢？我认为这解释了如下的假说：雌性黑猩猩迁出原本族群的时候，把自己出生长大的族群里的文化一并带了出去。

7

语言与记忆

人类牺牲记忆换得了语言能力

小爱项目的最初目标是调查研究黑猩猩的感觉、知觉、认知和记忆，用同样的装置、同样的方法比较人类和黑猩猩。在外行眼中，我们像是在研究黑猩猩的语言习得，但研究的实际目的是科学而客观地展示“黑猩猩眼中看到的世界”，再将之与人类进行比较，从而用实证的方法证明人类和黑猩猩之间的异同。这就是被称为比较认知科学的学科的原型。

小爱项目可以说是确立比较认知科学这门学科的基础研究。其研究方法的特征可以总结为三点。第一，灵活运用了电脑，学习场景是全自动的。第二，灵活运用了被称为实验行为分析的学习方法。第三，导入了心理物理学的测定方法。下面我想简要介绍一下具有这三个特征的一系列研究。

最新的研究结果发现，小黑猩猩比成年人类拥有更优秀的遗觉象记忆（eidetic memory）。而人类失去了这种记忆能力，作为替代，获得了符号和表象[①]等认知功能。

① 哲学和心理学术语，指基于知觉在头脑中形成感性形象。

黑猩猩如何给颜色分类

小爱是懂得文字的黑猩猩。先给她看表示粉红色的日文汉字“桃”，她能在屏幕上显示的10种颜色中选出粉红色。在她学会这样做之后，反过来，给她看绿色，她也能从10个汉字里选出表示绿色的日文汉字“緑”。她还认识阿拉伯数字，在电脑屏幕上显示多个白色的点，她会选出正确的数字来告诉你白点有几个。

作为“黑猩猩眼中看到的世界”的一个例子，我要详细介绍一下使用图形文字（当时小爱的学习还没达到汉字阶段）和JIS规格[①]的孟塞尔标准色卡，调查黑猩猩颜色知觉的研究。

孟塞尔标准色卡采用颜色的色调、亮度、饱和度三个属性，定义出各种颜色，并把人类能够识别出来的颜色做成了图表（见图48下）。我们选取了各种颜色的孟塞尔标准色卡，每次给小爱看一张，问她这是什么颜色，再把得出的答案做成图表（见图48上）。在图48中，横轴表

① JIS规格（Japanese Industrial Standards）是日本工业标准调查协会制定的日本国家标准。

示色调，纵轴表示亮度，每一格对应一种颜色。饱和度均选用同色系中最高的。

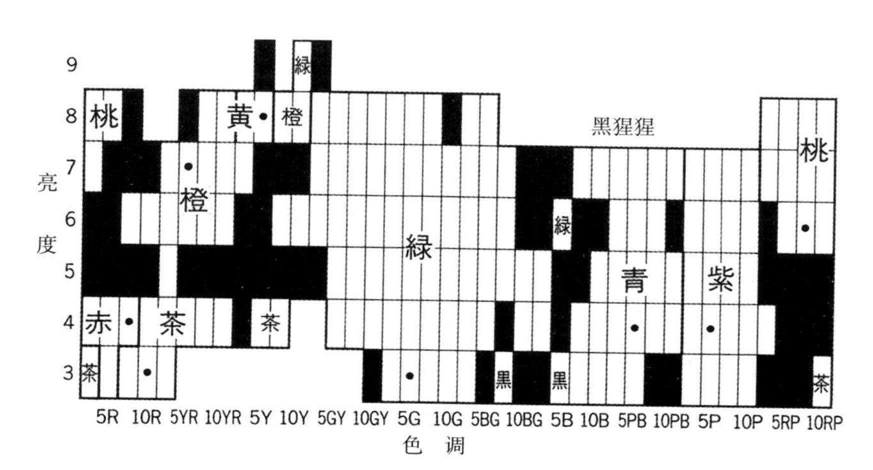

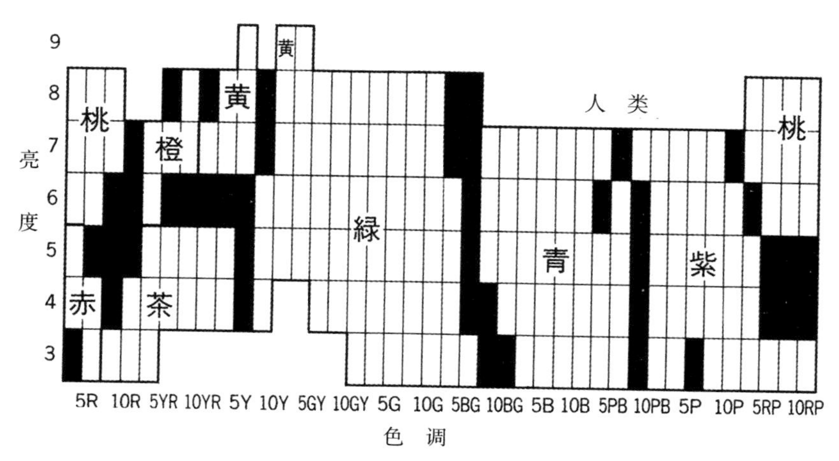

图 48　黑猩猩和人类的颜色知觉

分析此图会发现，虽然色调、亮度不一定完全一致，但黑猩猩对某个范围内的颜色全都会回答为绿色，另一个范围内的颜色则全都回答为蓝色。黑猩猩的图表里用黑点标注的部分，是我们当初教小爱学习时使用的颜色，都是比较暗的，比如绿色的色调为 5G、亮度为 3，蓝色的色调为 5PB、亮度为 4。

我们使用了各种各样的色卡，每张色卡询问三次，而且不在同一天问。“这张色卡是什么颜色？”这样询问后，把三次回答都相同的颜色在图表中用白底黑字来表示。但如果我们拿介于蓝色和绿色边界的颜色给小爱看，她可能第一天回答是蓝色，第二天回答是绿色，第三天又回答是蓝色。对这种颜色命名不确定的色卡，在图表中用黑色部分来表示。

在预备实验中，我们尝试做了 10 次问答。结果发现：连续 3 次答案一致的颜色，问 10 次答案也不会改变；而一会儿说是蓝色、一会儿说是绿色的颜色，大体上只要问 3 次，就会出现答案不一致的情形。由此我们知道了，没必要问 10 次，只要 3 次就够了。

我们大约调查了 230 种颜色，黑猩猩能够把握十足地进行命名的颜色大体占了 80%，不能确定命名的颜色约占 20%。这个比例和成年人类是一样的。

对颜色范畴的认知，黑猩猩和人类也大体相同。从日本人的感觉来说，蓝色和绿色之间的分界大约是两个色调。在辨别非常暗的蓝色和绿色时，黑猩猩会把它们认作黑色。在英语里，蓝色（blue）和黑色（black）都以“bl”开头，两者的语源其实是相同的。

总的来说，这项调查结果表明，黑猩猩对颜色范畴的认知与日本成年人非常接近，而且与当初在训练时采用哪个颜色作为样本色无关，因为训练用的样本色并不在黑猩猩判断的该颜色范畴的中心。

接着，我们尝试把以上研究结果与文化人类学的数据重叠在一起。

不同语言中的基本颜色词有着不同的焦点。比如，询问不同国家的人“最纯正的绿色”是哪一种，会发现日语的“緑”与德语的“grün”多少有点偏差，与法语的“vert”也稍有不同。

文化人类学家柏林（Brent Berlin）与凯伊（Paul Kay）曾经针对世界上的20种语言进行基本颜色词焦点的调查。他们征询并收集了以各种语言为母语的人对“最纯正的绿色”的回答，结果发现答案不尽相同。虽然不同语言所认知的颜色焦点分布有些散乱，但还是形成了一个比较集中的区域。无论是“緑”“green”“grün”，还是“vert”，大体都落在图表上相距不远的地方，这就是柏林和凯伊发现的颜色范畴。

这种现象被称为语言共性（language universal）。与语言是任意创造的学说完全相反，语言共性的理论认为，人类对某个颜色范畴进行命名的倾向是普遍存在的。柏林和凯伊的研究为语言共性提供了支持。红色、橙色、绿色、蓝色，分别形成了颜色集中的区域。

把我的数据和文化人类学的数据重合在一起，会发现非常有趣的事情（见图 49）。图 49 与图 48 相反，是把黑猩猩能够稳定命名的颜色区域加上网底，把黑猩猩不能稳定命名的区域用白色表示。图上的黑点是 20 种人类语言各自的基本颜色词焦点。从这张图可以看出，没有任何一种人类语言会把基本颜色词的焦点定在黑猩猩无法稳定命名的区域。

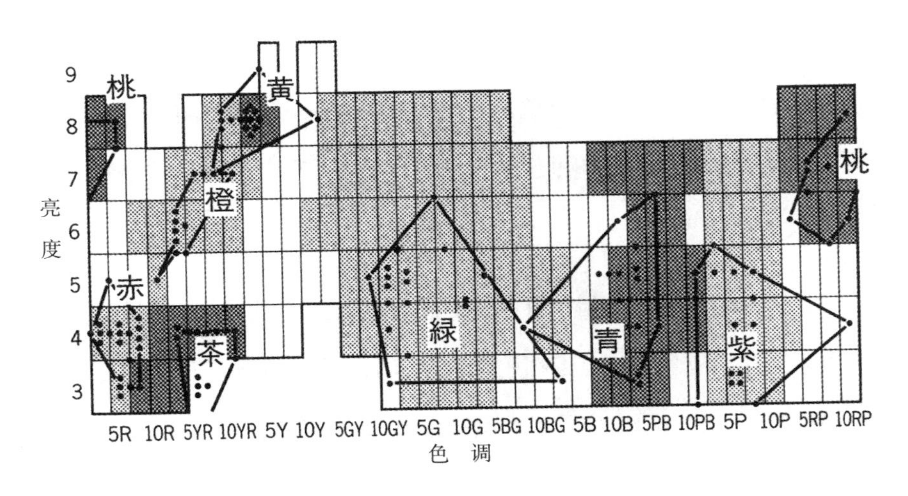

图 49　黑猩猩的颜色知觉和 20 种人类语言基本颜色词的焦点

对柏林和凯伊（Berlin & Kay，1969）的图进行修改后，与图 48 的数据进行重合的结果

人类语言的基本颜色词焦点，一定在黑猩猩能够稳定命名的颜色区域内。柏林和凯伊虽然发现了人类基本颜色词的语言共性，但这种共性并不是人类独有的。黑猩猩也具有基本颜色词的认知共性。也就是说，

我们用调查人类对语言的反应的方法，去调查黑猩猩的颜色认知，发现黑猩猩看到的颜色世界与人类可以说是相同的。

如果选择一个无法稳定命名的颜色区域，预先给这里的颜色取个名字，把它教给黑猩猩，会发生什么情况呢？这样的实验已经有人用鸽子做过了。

实验结果表明，这样的新颜色词很难形成像人类那样的颜色范畴。鸽子毕竟是鸽子，颜色范畴与人类完全不同，但依然有绿色、蓝色、红色等。如果选定其天生的颜色范畴内的颜色去命名，可以得到非常清晰而明确的颜色范畴，但如果想在模糊区域里创造新的范畴，这个新的颜色范畴就会难以形成。

如果照这样进行实验，可以预期黑猩猩也会得到同样的结果吧。人类也是这样，故意把焦点定在蓝绿色上，取个名称让人记住，人类大概也很难学会。这个研究揭示了人类和黑猩猩的颜色知觉的共性。

语言促进认知

几年之后，围绕颜色命名，我又针对掌握语言这件事所代表的意义，进行了更加深入的思考。这是我与当时的学部学生松野响和博士后川合申幸的共同研究。小爱学会了包括黑色在内的 11 种颜色的名称，而名叫潘黛莎的黑猩猩完全没有学过任何颜色的名称。但是，通过这个研究我们证明，两个黑猩猩看到的颜色世界是完全相同的，并不是只有小爱看得到颜色，潘黛莎也能看到。同时，我们还发现了学习语言标签带来的影响。详情如下。

通过名为“如何看颜色”的研究，我们用样本匹配的方法调查了黑猩猩眼中看到的颜色是什么样子的。研究中包含样本色和选项色。训练内容是：先给黑猩猩看样本色，比如说绿色，然后问她这是什么颜色，请她在蓝色和绿色中选择一个。这是个比较简单的任务，黑猩猩训练几天就会了，不仅对小爱来说很简单，对潘黛莎来说也不是什么难事。

做完“直接比较选出相同颜色”的训练后，在某个时刻，大约以 10 次里突然出现 1 次的概率，试着插入一个不一样的样本色。插入的颜色并非和之前完全不同，而是虽有不同，但相对比较接近的。此时，到底算是绿色还是蓝色呢？选项只有两个，黑猩猩必须在两种颜色中选出一种来。实际上，不管选择哪种颜色都能得到奖励，答案无所谓对错。在之前的基础训练中，一直是“选出相同颜色”，现在在 10 次中也有 9 次都是这种。就这样，只是时不时地出现一个稍微不同的颜色，姑且可以认为她们在实验中还是在选择自己认为相同的颜色吧。

图 50 表示的是小爱和潘黛莎各自始终选择一致的颜色，色度图用一种和先前的孟塞尔色卡稍有不同的形式来表现。通过这个实验，我们

弄明白了以下两点。

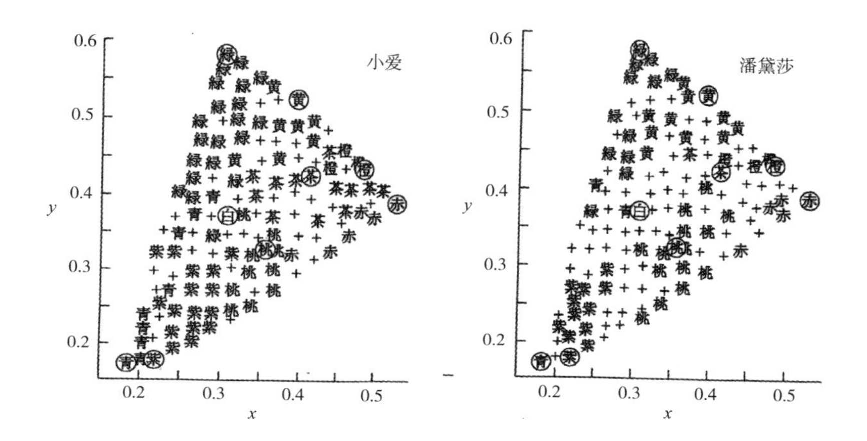

图 50　找出与样本色相同的颜色

被试的选择保持一致的颜色用颜色名称表示，选择不一致的颜色用“+”表示，带○的颜色名称是最初使用的样本色（标准色）

第一，超越两个黑猩猩个体差异的共同点是：存在黑猩猩总是选择同样名称的颜色区域。虽然小爱掌握了语言而潘黛莎没有，但她们在判断颜色时都有着共同的颜色区域。而且，根据那个共性区域可以进行聚类。也就是说，有接近蓝色的颜色范畴，也有接近绿色的颜色范畴。无论是否接受过语言训练，是否接受过颜色命名训练，黑猩猩在颜色认知上都具有共性的颜色范畴。

我们弄明白的第二点是，在选择一致的颜色所占的比例方面，小爱遥遥领先于潘黛莎。学习颜色名称的标签后，颜色分类会变得更加鲜明、精准，颜色识别也会更加稳定。因此，可以说在某种意义上，语言具有对含混不清的东西加以明确区分的功能。

基本颜色词

接下来，让我们把话题回到基本颜色词上。所谓基本颜色词，是指并非从其他词义转化而来，而是原本就用来表示颜色的词，且不能是复合词。

以日语而言，“赤”这个词只用来指称红色，“青”也仅限于指称蓝色，因此可以被认定为基本颜色词。“赤”和“明るい”（明亮的）同源，是“暗い”（黑暗的）和“黑”的反义词。“青”的词源也很古老，有诸多说法，有的说是白色的反义词，有的说是介于白色和黑色之间、包含了灰色的不显眼的中间色。因此，“红、蓝、白、黑”四个词就成了日语中的基本颜色词。当然，有关基本颜色词的认定，还留有不少讨论余地。

日语的“緑”现在是作为绿色之意使用，但从历史的观点看，却有点微妙。原来的“绿”是表示新芽、嫩芽的具体名词，可以认为是与“みずみずし”（新鲜、娇嫩）相关的词，后来从新芽、嫩芽的颜色转变为表现蓝色和黄色的中间色——绿色。古代，表示绿色的词语仅有“青”。“き”（黄色）也是在现代只表示黄色，同样有点微妙。在奈良时代，找不到把这个词作为颜色的例子。那个时候表示这种颜色，要么用“黄土”，要么用“赤土”，所以可以推测“き”是包括在“赤”里的。有关“き”发音的词源有诸多学说。

“茶”是从喝的茶而来的，因此不是基本颜色词；“橙”从橙子而来；“桃”则是由桃子而来；“紫”也很微妙，来自一种作为染料的紫草。

这样看来，根据先前所下的定义，从文化人类学的视角看日语，可以说日语里有四个基本颜色词。

在柏林和凯伊所著的《基本颜色词》一书中，写有“基本颜色词的演化”。他们在各个民族中进行调查，发现有的民族只有两个基本颜色词——“明”和“暗”，没有其他同类的词语了。这两个词勉强硬要说是颜色的话，就是“白”与“黑”。

还有的民族只有三个基本颜色词。若是这种情形，这三个词一定是“白”“黑”“红”。有四个基本颜色词的民族，在“白”“黑”“红”三个词的基础上，第四个词不是“绿”就是“黄”，这个“绿”是蓝色和绿色混合在一起的颜色。如果基本颜色词有五个，那么上述五种颜色都齐全。基本颜色词达到六个的时候，才会把“绿”和“蓝”从名称上区分开来。

在这样的文化人类学的基础背景下，我们对黑猩猩的颜色范畴知觉做了研究。此外，从生理学的角度，已知人类和黑猩猩视网膜的锥体细胞都有三种类型。这三种类型的锥体细胞分别对长波长、中波长、短波长的色彩最为敏感。这些细胞发出的信息总和就是大脑感知到的颜色。

以上述文化人类学的知识以及生理学知识为背景，我们在小爱的研究中首先选择了红、黄、绿三种颜色，接下来又增加了蓝色，尽量以“基本颜色词的演化”为理论基础，逐步增加颜色。我想，在教黑猩猩学习颜色名称的时候，这样的方式也许能减少其学习负担。

学习图形文字

下面介绍一下小爱项目所使用的图形文字系统。

图形文字系统由 9 种图形元素组成：空心正方形、空心圆形、空心菱形、实心圆形、实心菱形、斜线、横线、纵向波浪线、横向波浪线（见图 51）。这些图形元素的种类不多，外观看起来尽量不同，有的左右对称，但也包含非对称的图形。这是我在 26 岁时想出来的系统。

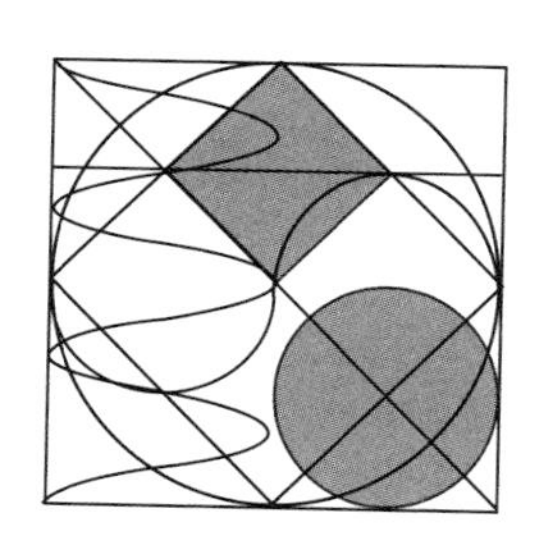

图 51　由 9 种图形元素组成的图形文字

给小爱看如图 52 所示的某种具体的图形文字后，告诉她“这是红色”“这是蓝色”“这是黄色”。图 53 的图形文字、颜色和日文汉字，代表的意义都是红色。我们给小爱看的东西包括：实际的红色，表示红色的图形文字（符号），“赤”这个日文汉字，她都能够认出来。经过多年的学习之后，这三者对小爱而言是等价的。

图 52　从左至右分别为表示红色、蓝色、黄色的图形文字

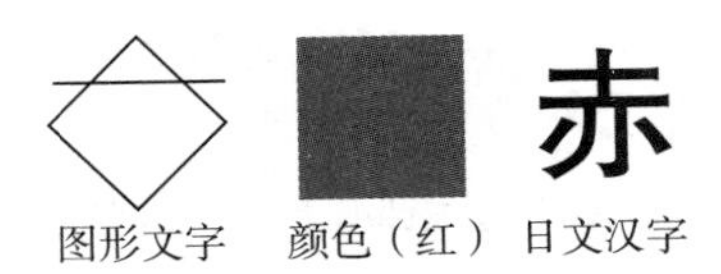

图 53　图形文字、颜色、日文汉字

图形文字的构成

小爱还会拼写图形文字。

“赤”（aka）这个日文汉字由“a”和“ka”两个音节构成。和分析音节一样，表示“赤”的图形文字，也可以解构为空心菱形和横线这两个图形元素。给黑猩猩看红色，她会选出表示红色这个意思的图形文字；或者给她看表示红色的图形文字，她也能选出红色这一颜色。我还想通过实验，调查能够做到这些的黑猩猩，能否再利用组成红色这个意思的图形文字的元素（空心菱形和横线）来拼写更复杂的内容。

用学习行为的专业术语来说，这个实验任务的名称是“象征符号的组合”，研究的是把本身不具有任何意义的元素组合起来，组合成具有某种意义的符号。详细说明如下。

实验不是用表示颜色的图形文字，而是用表示具体物品的图形文字来进行的。这些复杂的图形文字同样由先前介绍的9种图形元素组成，分别表示苹果、香蕉、白薯、卷心菜等固态食物。

小爱会将实心菱形、斜线、纵向波浪线组合在一起，拼写出表示白薯的图形文字。如果是苹果，她则会选出空心正方形、空心圆形、实心圆形这三个元素的组合。由于小爱认识“5”这个阿拉伯数字，所以，我原本想让她拼出“5个红色苹果”这个短语，但最终未能成功。

我意识到，在这个实验的背景里有个“语言二重性”的问题。

人类的语言普遍都有二重结构，即句子由具有意义的最小单位“词素”（morpheme）构成，而词素又由不具有意义的最小单位“音素”

（phoneme）构成，这是一种双层的结构。让我们试着把这种语言学的概念，套用到黑猩猩习得的符号体系里看看。

黑猩猩毫无疑问可以使用第一级符号，以数字、日文汉字、图形文字作为具有意义的最小单位。把这三个元素串在一起，就成了“红色、铅笔、5”。黑猩猩可以达到把实物对象的颜色、名称、数量这些属性叙述出来的程度。我在前文中已经指出，小爱大概有运用到第三级符号的能力。

但是，如果说到与人类语言相关的类推，我希望证明黑猩猩有能力用本身不具有意义的元素（指图形元素或构成要素，相当于汉字的偏旁部首），去拼写出数字、汉字或者图形文字。因此，我使用由 9 种元素组合构成的图形文字，挑战了“以组合元素的方式拼写出图形文字”这一任务。

抱着想教黑猩猩学会具有二重结构的语言的意图，我进行了这个实验。我提出的研究问题是：黑猩猩能否将符号元素组合成单词？最终以实证结果证明了黑猩猩可以用符号元素组成单词。但是，这个研究只做到这个程度就停止了。也就是说，针对“黑猩猩能否习得具有二重结构的语言”这个与语言学相关的问题，实证研究仅仅证明了“一半”。

文字和颜色是等价的吗

看到颜色选择日文汉字，看到颜色选择图形文字，又或者反过来，看到日文汉字选择颜色，这些任务小爱都能完成，她的儿子小步也能做到，还有其他两个黑猩猩的孩子也会。

小步 2000 年出生，2004 年开始学习数字，2006 年开始学习日文汉字。他每天都在学习，如果以每次 50 道题计算，4 分钟左右便能结束测试。问题回答正确会听到悦耳的铃声，并得到一个边长 8 毫米的苹果块作为奖励；如果答错，会听到“嘟嘟”的蜂鸣报警声，然后稍稍暂停休息一下，3 秒钟后再出下一道题。这延迟 3 秒钟的“罚时”，也可以算是一种处罚。这是我和井上纱奈、广泽麻里的共同研究。

实验的要点是用汉字表示颜色、用颜色表示汉字，双向的条件都包括在内。在同一天的实验中，必须两个方向都做，而且顺序也要做到毫无偏差，第一天先做用汉字表示颜色的测试，后做用颜色表示汉字的测试，第二天则相反。

在这个实验之前，先对黑猩猩进行训练：红色出现在屏幕上就选择红色，绿色出现在屏幕上就选择绿色，“赤”这个日文汉字出现在屏幕上就选择“赤”，“緑”这个日文汉字出现在屏幕上就选择“緑”。这就是根据看到的样本“选择相同对象”的学习任务。做完这个任务，让黑猩猩切实地掌握了各种颜色、文字的区别后，再让他们突然开始学习将看似完全没有意义和关联的东西联系在一起，也就是看到红色选择“赤”这个日文汉字。

图形文字、颜色、汉字三种要素，加入方向性之后，就有了6种关系。图54显示了习得这6种关系的过程。由于是从两个选项中选择一个正确答案，正确率是从50%，也就是碰巧答对的概率水平开始的，成绩逐渐上升。

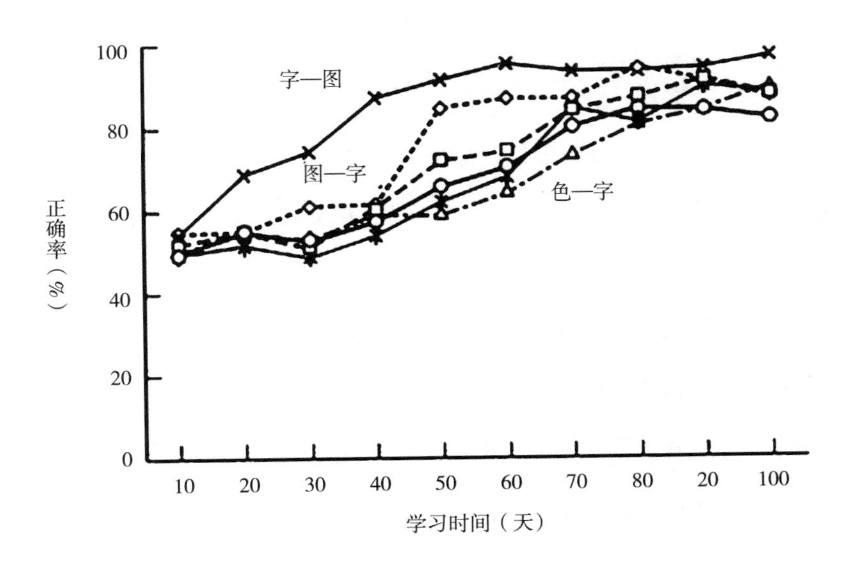

图54　小步习得图形文字、颜色、汉字关系的过程

图 54 揭示了什么呢？它不仅清晰地表明了小步对汉字和图形文字关系的理解，还可以从中清楚地看到，有一段时间，小步虽然能把图形文字与汉字相关联，却无法把汉字与图形文字相关联。而看到红色就选择“赤”这个字的任务，从始至终对他来说都很困难，与看到“赤”就选择红色这个任务并不等价。

我之所以想做这样的实验，其实是有特别理由的。

以前，小爱接受的训练一直都是看到颜色后选出图形文字。有一天我突发奇想，先展示图形文字，再问她：“这是什么颜色？”结果发现她选不出来，成绩跟碰巧选对的概率差不多。

这个结果让我非常吃惊。小爱可是能选出几百张孟塞尔标准色卡分别对应的图形文字啊！不仅如此，当我带着绘有图形文字的小卡片和小爱一起去散步时，如果摘下一朵蒲公英给她看，她也能够准确无误地将表示黄色的图形文字卡片递给我。即使我没有发问，她在自己一个人玩积木的时候，取出了绿色的积木，也会自己把写有“緑”这个字的卡片抽出来。小爱在自发地使用图形文字。尽管如此，把顺序反过来她就不会了。把各种颜色的积木并排摆在小爱面前，给她看绘有图形文字的卡片，询问她：“这是什么颜色？”她会非常犹豫不决。

起初我想，恐怕她是由于经验不足才犹豫的吧？但好像并非如此。

我就是从那个时候开始怀有疑问：从本质上来说，黑猩猩究竟是否学会了“语言”？我对类人猿语言习得研究产生了质朴的怀疑。

在习得语言的过程中，刚开始学不会是理所当然的。经过学习之后，逐渐学会、掌握了，这样才是合理的。但是，如果学会了语言，红色和“赤”这个日文汉字就应当融会贯通为一体，在同一天做的练习，两者必须呈现相同的学习曲线才对。但我们却发现学习曲线呈现出违背学习规律的状态。

这就是等价性不成立的证据。黑猩猩虽然记住了单词，但从习得的过程来看，与人类学习单词的方法并不一样——等价性不成立。在黑猩猩学习语言时，看到红色选出“赤”字，看到“赤”字选出红色，这两件事是独立的。

人类在学习了“A 是 B”之后，哪怕没有再学其他任何东西，也会擅自推论“B 一定是 A”。这样的推论在逻辑学里其实是错误的。

按照逻辑学，在“A 是 B”时，“B 是 A”并不一定成立。只有在 A 和 B 等价的时候，“A 是 B”和“B 是 A”才能同时成立。因此，奇怪的是人类的类推，而不是黑猩猩的。

不论是黑猩猩、日本猕猴、老鼠，还是鸽子，都是看到红色能够选出“赤”字，看到“赤”这个符号时却选不出红色。准确地说，就是无法识别符号。为什么呢？这是因为符号并没有在等价层面得到证明。人类以外的生物都是这样的，唯有人类，在看到红色便能选出“赤”这个符号后，又自然而然地把“赤”与颜色联系在一起，自动在对象与符号之间建立起了等价性。

在尝试教黑猩猩学习语言后，我发现在黑猩猩的认知世界中，目标物与符号之间没有等价性。但是正如小爱这样，他们能够通过反复进行双向的学习和操练，渐渐在单词层面上明确地建立符号和概念之间的等价性。我认为，在黑猩猩的大脑从出生到发育完全的这个阶段，如果能够得到扎扎实实的教育，他们在单词方面的学习大概可以达到和人类一样的水平。

测试斯特鲁普效应

小爱通过严格训练所习得的语言，就单词这个层面来说，符号与概念之间的等价性是成立的。为了证明这一点，我决定着眼于斯特鲁普效应（Stroop effect）。

如图 55 所示，给被试看一系列表示颜色名称的字，但字本身的颜色与字义表达的颜色不同，要求被试依次念出每个字分别是用什么颜色的墨水印出来的。大家亲自尝试一下就明白了。图 55 最上面一行从左到右用日文汉字写着“红、黄、蓝、绿”，而印刷每个字的墨水颜色却是“绿、红、黄、蓝”。要无视字义，只说出墨水的颜色，是很不容易的。这就是斯特鲁普效应。斯特鲁普效应的测试结果非常稳定，不论受过什么样的训练，要完成这个任务都很难。

图 55　图中每个字的印刷色与字义所表示的颜色不一样（括号中为印刷色）

根据心理学上的解释，之所以会出现斯特鲁普效应，是因为人类的大脑会平行地加工颜色和意义信息，两种信息同时输入大脑，产生了冲突。无论怎样强迫自己“忘掉其中一种信息，只回答另一种就好”，依然很难办到。

还有一种反向的任务，要求被试“无视字的颜色，只回答字的意义”，在回答时同样多多少少会受到颜色的干扰。但是，“无视字的意义回答颜色”的干扰效应更大。虽然在干扰量上有所不同，但是由于同时加工了两种信息，不论在上述哪一种情况下都会出现斯特鲁普效应。

小爱是一个看到汉字能选出颜色、看到颜色也能选出汉字的黑猩猩。经过训练，黑猩猩能够在单词层面建立起等价性，可以说是已经学会了语言。我认为，在黑猩猩身上出现斯特鲁普效应，是他们学会了语言的强有力证据。

假如把图 55 给母语是英语、不认识汉字的外国人看，让他们回答字的颜色，他们能很快地答出来：“green、red、yellow、blue。”为什么呢？因为他们并不知道文字的意义。日本人知道文字的意义，所以才会出现斯特鲁普效应。以此类推，如果黑猩猩知道文字的意义，就应该和日本人一样出现斯特鲁普效应；如果看不懂，则会和外国人看汉字的结果一样。

实际进行实验后的结果如下。在平时回答颜色的任务中，小爱对各种颜色都只用 0.5 ~ 0.6 秒作答，这是她的基线速度。而当我们将黄色墨水写出的“赤”字显示在屏幕上后，她花了将近 1 秒才答出是黄色。具体作答方法是，让她在屏幕上显示的白色图形文字中，选出代表黄色的那个。我还发现，她先是做出了想要选择代表红色的图形文字的动作，后来才修正成了黄色。通过她犯了什么样的错误，以及花了多少时间，就能测定出斯特鲁普效应的大小。

就这样，我们确认在小爱身上也出现了斯特鲁普效应。由此可以证明，小爱通过学习而掌握的颜色名称，确实和人类掌握的颜色名称拥有同样的功能。结论是：通过不断学习，黑猩猩掌握的语言达到了与人类同等的水平。

如果要做更详尽的解释，会发现这个研究多少还存有一些疑点。我并没有直接指示小爱“请回答这是什么颜色”。实际上，她既可以回答文字的颜色，也可以回答文字的意义，只是由于在作为背景的预实验中，总是要求她用图形文字回答颜色，让她产生了回答颜色的倾向。这是美中不足的一点。我并没有完全说服自己，因此，这个实验的结果没有以学术论文的方式公开发表。

关于这个问题，我想在小步这一辈的几个黑猩猩身上证明。我一边思考，一边继续研究着。我想，如果能够证据充分地证明他们身上出现了斯特鲁普效应，一定会是个非常具有影响力的研究结果吧。

远超人类的遗觉象记忆

下面进入人类和黑猩猩的记忆能力的话题。

小爱的儿子小步从出生到 4 岁，我什么也没教过他。只是在妈妈学习的时候，他总是待在妈妈的身边，专注地在一旁看着。小步 4 岁时，相当于人类的 6 岁了，也就是到了上小学一年级的年纪，我才觉得差不多应该让他开始学习了。和妈妈的学习一样，我们在电脑屏幕上的随机位置显示阿拉伯数字，让他从“1”开始按顺序触摸屏幕。在妈妈学习间的隔壁，我们给他准备了同样的电脑。从第一天开始，小步就毫不犹豫地触摸屏幕答题。这是我与井上纱奈的共同研究课题。

小步满 4 岁的第一天，第一个测试是教他学习 1 和 2。不知道为什么，小步非常喜欢 2，总是先去触摸 2。1 和 2 在形状上的确有区别，但是他为什么那么喜欢 2 呢？这有点让人困惑。

在此期间，妈妈小爱并没有催促小步，只是自己学自己的，而小步则在进行各种各样的尝试。我觉得他有一个非常聪明的举动，尝试把 1 和 2 两个数字一起触摸到。就这样经过一番苦战，小步在第一天就学会了 1 和 2 的顺序，能够依照从 1 到 2 的升序触摸数字了。学习所花的时间是 30 分钟。

小步学习的是 1、2、3。掌握之后又学了 1、2、3、4。每个周一到周六的早上 9 点到 9 点半，他会学习 30 分钟，一共学习了半年，在 4 岁半时学会了从 1 到 9 的顺序，可以通过用手指触摸数字来排序（见图 56）。数字 1 ~ 9 不论出现在屏幕上的哪个位置都没有关系。这个记住数字顺序的任务，在黑猩猩的学习中属于最简单的一类。接下来，小步又学习了 1 ~ 19 的数字顺序。

基于这样有关数字顺序的知识，我们在小步 5 岁半时检测了他的记忆能力。我们采用了与先前完全相同的任务，但在小步触摸了“1”之后，其余的数字便被替换为白色正方形，全都看不到了。小步需要在这样的情形下，依照从小到大的顺序触摸数字 2 ~ 9。

结果，小步只是瞥了一眼屏幕，瞬间就触摸了“1”，被白色正方形替换的从 2 开始的数字，他也能“嗒嗒嗒”地按照顺序触摸下去。从屏幕上出现数字到小步的手指触摸到数字 1，时间仅有 0.6 秒，而小步对数字的排序几乎准确无误。迄今为止，我还没有遇到过任何一个人类能如小步这般，以这个速度、这样的准确率记住数字的顺序。

图 56　按顺序触摸屏幕上显示的数字 1 ～ 9 的小步（摄影：松泽哲郎）

我们也以同样的装置、同样的程序，对人类进行了测试和比较。虽说是同样的程序，但是如果不把难度降低，人类根本没有办法完成这个任务。我们把数字的呈现时间设定为 0.65 秒、0.43 秒、0.21 秒，显示数字为 1 ～ 5。这样一来，只要拼命去做，人类好歹也可以完成。图 57 中除了人类和小步外，也显示了小步的妈妈小爱的答题数据。

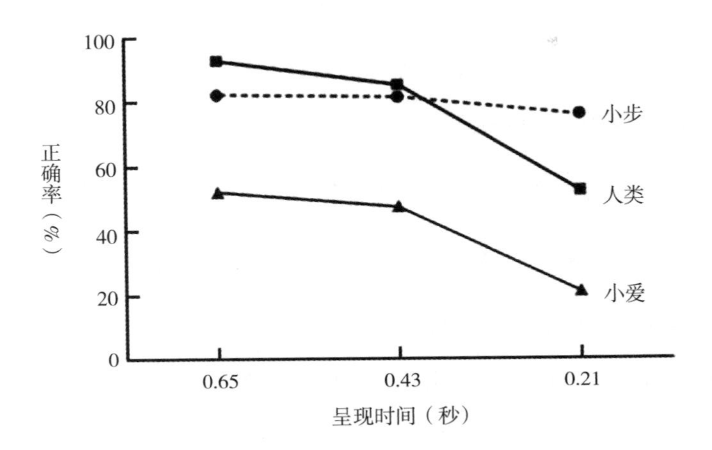

图 57　记忆 5 个数字的成绩

包括小爱和小步在内的三组黑猩猩母子，同时从 2004 年 4 月开始学习大体相同的内容，结果呈现出了非常明显的组间差异。三个小黑猩猩的成绩都像小步一样；而三个成年黑猩猩则全都不行，其表现相当于略低于平均水平的人类大学生；没有一位人类大学生能赢过小黑猩猩。

我们也对 9 岁左右的人类孩子做了测试。果然不出所料，人类孩子一败涂地。我们现在只知道，在患有高功能孤独症或者阿斯伯格综合征的孩子中，偶尔会出现具有如此高超记忆力的人。据估计，拥有这样的照相式记忆的孩子，大概数千人中只有一人。

有一天，发生了这样一件事。小步正在做这种数字被白色正方形替换的任务时，外面传来响动，吸引了他的注意力。他环顾四周，答题过程至少中断了 10 秒钟，然而等他转过身继续答题时，照样准确无误地记得之前出现的数字的顺序与位置。因此，小步不仅能在瞬间看完题目就记得很清楚，而且这种记忆即便中断 10 秒以上仍然可以保持。

关于能够一次记下多少个数字的问题，我们先尝试进行了预实验。小步和成年人类的成绩对比数据详见图 58。数字在屏幕上显示的时间是 0.21 秒；成年人类被试就是我自己。我持续观察这个测试的时间和小步差不多一样久，因此自信能比一般的成年人取得更好的成绩。即便如此，一瞬间记下七八个数字对我来说已经很困难了，而小步却毫无问题。

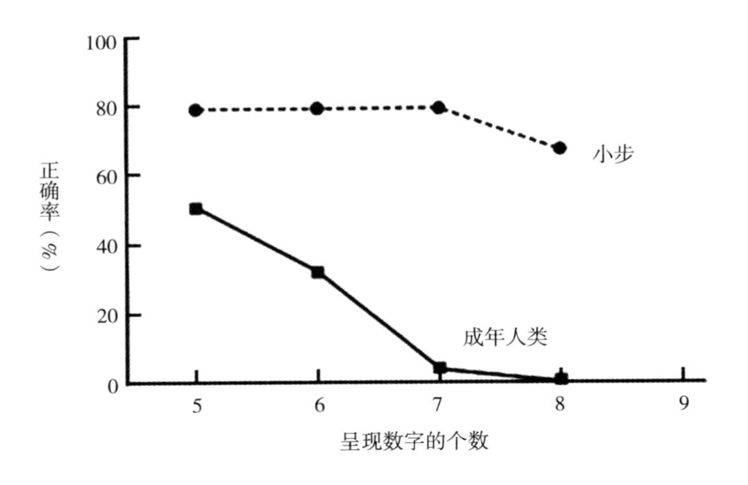

图 58　用 0.21 秒能记住多少个数字？

通过“一瞬间记住一连串数字”的比较研究，我们首次揭示了“在记忆测试中，黑猩猩优于人类”这一事实。

以长远的眼光来看，这个研究的意义在于，用以下三个指标建立起了一个检测记忆能力的框架。

- 瞬间看一眼，最多能记住几个数字？
- 记忆能在多短时间内形成？
- 瞬间记忆力能保持多久？

虽然现在人们还仅仅是对这一研究的结果感到惊讶，但是，设计出这个测试任务本身其实是一件非常重要的事。为什么呢？因为阿拉伯数字是跨越了国界、人人都在使用的符号，孩子也好，成年人也好，老人也好，就连脑损伤患者或者罹患阿尔茨海默病的患者也能使用。

依照上述三个指标，小步具体的成绩如下。

- 瞬间看一眼，最多能记住几个数字？

  数字呈现时间为 0.21 秒时，小步能够记住 8 个数字。

- 记忆能在多短时间内形成？

  以呈现 5 个数字为条件，小步最短能用 0.06 秒回答正确 50%。

- 瞬间记忆力能保持多久？

  到目前为止，我只能说小步至少能保持 10 秒钟。

要研究他的记忆能否保持10秒以上，会非常困难。为什么呢？因为很难对黑猩猩下达“暂停”的指令。要他们停下来不是不可以，但他们会变得很不耐烦。他们不喜欢安安静静、老老实实地等着。

我们曾经在其他研究中安插了让黑猩猩等待32秒的命令。这是我和藤田和生的共同研究。结果，等待造成了黑猩猩学习动机的显著下降。到底是由于学习动机下降而导致学习成绩退步，还是由于自身记忆力变差而导致成绩不理想，我们尚无法分辨。总之，我们现在还没有找到合适的研究框架，能在保持很高的学习动机的情况下，调查黑猩猩的记忆力能保持多久。因此到目前为止，我所能提供的数据就是先前提到的“至少10秒”。

权衡假说

小黑猩猩拥有这样一种直接的记忆，也就是遗觉象记忆，而人类却没有。这一点到底应该如何解释呢？为此，我提出了“权衡假说”（trade-off hypothesis）。

很久以前，人类和黑猩猩的共同祖先拥有遗觉象记忆的能力。黑猩猩的身上保留了这一特质，而人类在成为人类的过程中，失去了遗觉象记忆，取而代之的是获得了语言能力。人类用记忆换得了语言，这是一种记忆与语言之间的权衡。

为什么遗觉象记忆在黑猩猩身上较为完整地留存下来了呢？我能想出两种体现适者生存的优越性。其一，当黑猩猩的不同族群相遇时，在森林里树影斑驳的一瞬间，能够敏捷地捕捉到“是谁在哪个位置上、共有几个个体”这些信息，具有适应性的意义。其二，假如想要努力爬上无花果树，红色的果实在哪里？其他雄性所处的位置又在哪里？能在一瞬间捕捉到这些信息非常重要，这能帮助黑猩猩捷足先登，爬上有果实的枝头。

与这种能力相对应的，是电影《雨人》里达斯汀·霍夫曼（Dustin Hoffman）扮演的孤独症患者。他能迅速而准确地说出散落了一地的火柴数量，但这种能力的适应性意义就未必那么清晰明了了。眼前“嗖”地闪过一个生物，与其记住它的前额是白的、前脚是黑的、背部是咖啡色的……不如记住“鹿”这个符号，把对这个符号的记忆带回族群，告诉大家：“我看到了一只鹿。”这样才能把自己的体验与伙伴们分享。

不管拥有多么优越的遗觉象记忆，都无法和他人分享体验。因此，人类在形成语言能力的过程中，失去了照相式的瞬时记忆。至于为什么放弃这个能力，主要取决于脑容量。

如果是电脑，要想附加新功能，只要增设新的模块就好了。但是，大脑的功能是由脑容量决定的，必须选择要舍弃些什么。大概是和放弃优越的运动能力以及精确的嗅觉的权衡相同，人类也放弃了照相式的瞬时记忆，以换得符号、表象、语言等能力。

至于这种权衡发生在什么时候，我猜测是在约 2500 万年前，人属出现的时候。那时，人类的脑容量从大约 400 毫升一口气激增到大约 800 毫升。大概也是在那个时候，出现了人类独有的育儿方式，人类也开始制作石器了。所谓人类独有的育儿方式，就是指不仅母亲参与，而是由多个成年人协同合作，让母亲能够同时抚育多个孩子。在族群里，利他行为、协同合作、任务分工变成了必需的事情。于是在这些场合，语言也开始发挥功效了。将一瞬间看到的东西贴上标签，把“鹿”这种动物认知为“鹿”这个符号，再把这个认知带回族群中，就能够把有意义的内容传达给大家：“我看到鹿了！”“快走，大家一起去捕鹿吧！”

什么是人类？人类拥有共同养儿育女的特性。

什么是人类？人类是获得了语言能力的动物。

我逐渐意识到，把“养儿育女”和“语言”这两个词语联系在一起的关键词，就是人类信息共享的生活方式。

语言的本质是具有可携带性，可以把信息带到其他地方。经验也具有可携带性、可移动性。这不正是语言的适应性意义吗？带着经验去往其他地方，与他人共享。对于这一优点的理解，就是记忆与语言权衡假说的基本理论核心所在。

8

想象的力量

只有人类才会心怀希望

究竟什么是人类？我试着从各种各样的角度思考过这个问题，也发现了小黑猩猩拥有比成年人类更优秀的记忆力。那么，让人类区别于其他物种的最显著特征是什么呢？我逐渐意识到，这个终极答案不就是想象的力量吗？

黑猩猩的画

黑猩猩会画画，也会自己选择恰当的颜色。首先，请欣赏黑猩猩的画作。图 59（a）是黑猩猩小爱的涂鸦，我觉得画得非常漂亮，笔触粗犷豪迈，很有美感，我很喜欢。

图 59（b）是名叫坎兹的倭黑猩猩画的，也有类似的风格。图 59（c）是名叫可可的大猩猩画的。据说可可看了这幅画，会比出“花”的手语。图 59（d）则是著名的黑猩猩华秀所绘。我想，华秀画完这幅画后一定也用手语表达了什么吧？

但是，这些画基本有一个共同点——黑猩猩不画实实在在的具体的东西。

哪怕没有食物报酬之类的奖励，黑猩猩也会画画。如果事先在白纸上画好一个圆，他会在上面跟着描。我的研究就到此为止，接下来，一位名叫齐藤亚矢的研究生想出了一个非常有趣的测试：既然黑猩猩会跟着描画圆形，那么面部肖像呢？

图 59　黑猩猩、大猩猩、倭黑猩猩画的画

（a）黑猩猩小爱的画；（b）倭黑猩猩坎兹的画；（c）大猩猩可可的画；（d）黑猩猩华秀的画

［提供：（a）松泽哲郎；（b）Savage-Rumbaugh；（c）F. Patterson；（d）R. & D. Fouts］

研究者把画着黑猩猩脸的画交给他们，果然不出所料，他们开始在脸的轮廓上描画。研究者给 7 个黑猩猩提供了各种不同的黑猩猩面部图片，有的少了一只眼睛，有的两只眼睛都没有，有的只有脸的轮廓。7 个黑猩猩都做了这个测试，结果要么基本上是胡乱涂鸦，要么就是像图 60（a）所示的这样，依着面部轮廓的线条描出脸的轮廓。

但是，如果对 3 岁 2 个月大的人类孩子进行同样的测试，把同样的图片提供给他们，人类孩子会把面部缺失的器官补出来，比如画上眼睛。2 岁以前的人类孩子的表现和黑猩猩差不多，但超过 3 岁的孩子，就会像图 60（b）那样画出整个面部缺少的东西。这要如何解释呢？

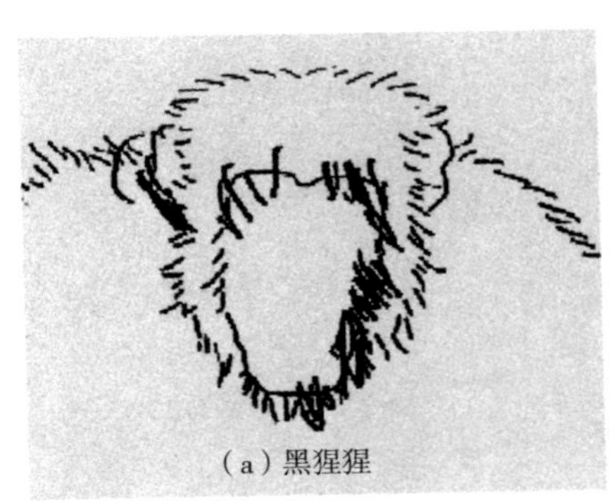
（a）黑猩猩

（b）人（3 岁 2 个月）

图 60　黑猩猩的画和人类的画（提供：斋藤亚矢）

我的解释是，大概黑猩猩眼中看到的只是当下存在的东西，而人类则会想到“不在那里的东西”。明白了这一点后，先前说到的小黑猩猩的优越记忆力就完全不会显得不可思议了。黑猩猩看到的是眼前存在的东西，关注的是自己正在看着的事物。哪怕只是一瞬间，只要确实出现了，他们就会在那一刹那专注地看着。而人类却不是这样。人类的思绪会驰骋到画面之外，所以会说：“没有眼睛啊？”这可是人类和黑猩猩之间的一个重大差异。

不懂绝望的雷欧

想到这些，我不由得又想起了另外一件事。

雷欧是生活在灵长类研究所的雄性黑猩猩。2006 年 9 月 26 日，当时 24 岁的他突然颈部以下瘫痪，诊断结果是急性脊髓炎。我立刻召集渡边详平、兼子明久、渡边朗野、宫部贵子、林美里等年轻教员、兽医、饲育员，把他们和研究生们很好地组织起来，为雷欧设立了每天 24 小时的看护制度。

就这样，多亏了这些年轻的志愿者，雷欧的命好不容易保住了。但是，他从此完全动不了了，得了严重的褥疮，腰部和膝盖的皮肤溃烂化脓，甚至露出了骨头（见图 61 左图），体重从原来的 57 公斤锐减到 35 公斤。看到雷欧躺在那里瘦弱不堪、罹患褥疮的样子，我想若换作是我，大概难以忍受吧。

我并不是不能忍受身体上的痛苦，而是会陷入这样的心境："这样活着，生命还有什么意义？我变成什么样子了！"我应当会对将来不抱希望，从而备受绝望感的折磨吧。

换作是我，会失去生存的希望，而这个黑猩猩却在如此状况下，全然没有一点改变，丝毫没有沮丧的样子。他完全像个没心没肺、爱捉弄人的小孩一般，尽是做些有人过来的时候就把嘴里含着的水一下喷到人身上之类的事情。若是被喷的人“哎呀”连声地逃开，雷欧会高兴得不得了。

也许有神明保佑，雷欧的病体渐渐康复，上肢能够像图 61 右图那样吊着东西站起来了，脚也会动了，可以像企鹅那样摇摇摆摆地走。真是令人欣慰！

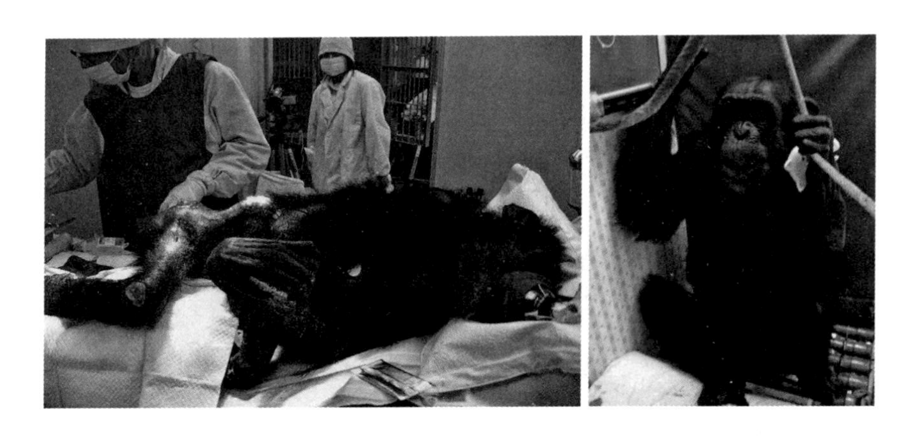

图 61　自 2006 年 9 月起颈部以下瘫痪的雷欧躺着接受看护（左图，摄于 2007 年）；靠上肢吊着东西自己站起来（右图，摄于 2008 年）（提供：灵长类研究所）

在想象中拓展时空

通过雷欧的事例，我忽然想明白了。什么是人类？“想象”正是人与其他生物不同的地方。我认为，“想象”是人类的特征。

黑猩猩生活在“此时此地的世界”，也就是当下的世界。正因为如此，他们才拥有卓越的记忆力，能够记住瞬间呈现在眼前的数字。他们绝对不会像人类那样，缅怀百年前的过去，思考百年后的未来，还在心里牵挂着住在地球另一边的人们。

如果是在更短的时间、更狭窄的空间范围里，黑猩猩也能有想象力。黑猩猩会制造工具钓白蚁，会在砸开果核之前把做砧板的石头调平整。在短时间的范围内，黑猩猩当然也能预见未来。但是，他们看不到遥远的未来，不会为了一年后的收成而耕种。黑猩猩想象的时间与空间的广度与人类不同——这就是我目前的结论。

由于生活在当下的世界，黑猩猩不会绝望，也不会思考自己“变成什么样子了”，也许就连明天的事情也不会烦心。

与此相对，人类很容易心生绝望。但是，人类拥有与绝望同样强大的力量，那就是想象未来的能力。凭借想象的能力，不论境遇如何残酷、暗淡，人类总能心怀希望。

究竟什么是人类？答案就在于想象的力量。在想象的力量驱使下，抱有希望——我想，这就是人类。

尾声

与我们的进化近亲相依

我一直想要全面地了解黑猩猩这种生物，为此研究至今。为了达到目的，有必要让自己的人生与黑猩猩相伴。

在序言里，我提到了圣保罗在《新约·哥林多前书》第十三章第一节所说的："我若能说万人的方言，并天使的话语却没有爱，我就成了鸣的锣，响的钹一般。"也就是说，心中若是没有爱，不论语言多么优美动听，也不能打动对方的心。如果对研究对象没有任何爱意，这样的研究又有什么意义呢？身为研究者，必须在某种意义上对研究对象抱有深刻的爱意，那种爱会推进研究，而研究也会在爱意的支持下不断继续。

这样说来，对于黑猩猩这一研究对象，在研究以外当然还有必须做的事情。

在野生栖息地，这件事就是积极推进保护黑猩猩。而对于人工饲养条件下的对象，就是要提高他们的福利和生活品质。我认为，只要研究对象是濒危物种，那么只对其进行研究而不关心福利和保护，就是绝不允许的。

饲养环境下的黑猩猩

前文提到过，灵长类研究所里生活着 14 个黑猩猩。自从 1976 年我来到研究所至今，这里已经逐渐发展出由三代黑猩猩构成的族群了。让黑猩猩独自生存，实在是强人所难。

对于黑猩猩而言，生活在族群中非常重要，绝不能单独挑出其中的一个，令其进行商业娱乐活动。同样，也不能让黑猩猩独自生活。

展望遥远的未来，让哪两个黑猩猩生下孩子，把族群维持在 15 ~ 20 个个体的规模，这些我都在考虑。雄性与雌性的实际比例必须大约为 1∶2，但以小群体的规模预测，最终的比例无论如何都会接近 1∶1。

回顾 1986 年最早来到灵长类研究所的黑猩猩灵子，人们还曾经把人类小孩的衣服给她穿。刚开始灵子是被养在大约 1 立方米的笼子里的，现在想想实在过分。待我进入研究所后，她才终于被搬到了宽阔的运动场里，孤零零地独自生活。

1986 年，我开始远赴非洲进行研究，为环境丰富化（environmental enrichment）而煞费苦心。当时，研究所里的黑猩猩运动场看起来很煞风景，未能充分利用立体空间，和非洲的森林比起来十分逊色。于是，我们靠着研究所自己的力量搭建了高塔。1992 年，担任饲养员的熊崎清则和我一起去非洲进行实地考察，我们达成了更多的共识。

运动场里建起了高塔，原来只能在地面上行走的黑猩猩开始往上爬了。由于成效显著，我们又搭建了更多的高塔。

正如第 6 章中说过的，在修建新设施的时候，我们从一开始就建了高塔，并在塔与塔之间拉上绳索，还在运动场里设置了用水泵抽回源头的自体循环式小河，有了流动的水。这是 1995 年的事情了。那时候我们已经知道在运动场里种树也没关系，于是便种了树。1998 年，塔也由最初的 8 米增高到 15 米，几乎高了一倍。

我的研究之所以能不断取得进展，也与饲养环境丰富化紧密相连。也许由于这样的尝试在某种意义上受到了肯定，现在日本国内的 14 家机构，以及英国、韩国等国家，都设置了这种具有高塔的饲养环境。

在日本，人工饲养的黑猩猩、大猩猩、猩猩，数量都已过了高峰期，开始下滑。截至 2010 年 12 月，个体数量分别是黑猩猩 335 个、大猩猩 24 个、猩猩 49 个。大猩猩的情况最严峻，20 岁以下的仅有 2 个了，其实可以算是已经到了无论再怎么努力也没希望的境地。黑猩猩还有 335 个，只要好好管理，仍有可为。

但是，在日本国内的 50 家饲养机构中，个体数目在 3 个及以下的占了大约一半。而在只饲养着 2 个个体的机构里，存在都是雄性或都是雌性的情况，这样是没有办法繁殖的。

由于这个缘故，我们创办了“支持非洲 / 亚洲大型类人猿促进会”（Support for African/Asian Great Apes，SAGA），在保护大型类人猿（如大猩猩、黑猩猩、猩猩）自然栖息地的同时，也开始改善日本国内的饲养状况。我们召集了研究者、动物园的工作人员、动物保护团体成员、政府相关部门人员、媒体和普通民众，每年召开一次大会。

实际上，直到 2006 年 10 月为止，黑猩猩还在被用作医学实验的测试对象。丙型肝炎、疟疾、艾滋病、埃博拉出血热等传染病只有黑猩猩和人类会罹患，因此就以不能用人做实验为由，用黑猩猩进行所谓的感染实验。目前全世界只有美国还在做这样的实验。

1998 年，一家拥有 120 个黑猩猩的制药企业相关机构打算进行丙型肝炎基因治疗的实验，计划让健康的黑猩猩感染丙型肝炎病毒，待肝炎发作后再施以基因治疗。SAGA 向该机构提出了停止实验的请求，花费 8 年的时间，总算终止了此类侵袭其他物种安全的医学实验。

然而实验一旦中止，这些不能再用于医学实验的黑猩猩便无处可去了，不知如何是好。此时，京都大学接手了这家机构的营运，进行黑猩猩族群构建和重新安置，通过把一些黑猩猩送给原来只有一两个黑猩猩的动物园，逐渐减少了剩余个体的数量。伊谷原一、鹈殿俊史、森村成树、藤泽道子等一直在继续为这项工作尽力。

2010 年 11 月 30 日，这家机构最终决定把剩下的所有设施及黑猩猩都捐赠给京都大学，京都大学也决定接下所有的责任。2011 年 8 月 1 日，京都大学野生动物研究中心（当时所长为伊谷原一）的宇土黑猩猩之家（Chimpanzee Sanctuary Uto，CSU）[①] 建成。

为了日本国内的 335 个黑猩猩幸福生活的未来，我们也会继续努力。

---

① 现已更名为京都大学野生动物研究中心熊本之家（Kumamoto Sanctuary）。

栖息地的野生黑猩猩

在栖息地，黑猩猩、大猩猩、猩猩的自然种群数量也在减少。原因有以下三点。

其一，森林砍伐。这使得他们无处栖身，食物匮乏，因而数量减少。当地人不断砍伐森林，放火烧荒。比这影响更恶劣的是，资金雄厚的欧美和日本木材公司在非洲大规模采伐。日本的木材主要来源于东南亚和北美，而来自非洲的木材则被作为造纸原料和建筑材料出口到欧洲。

其二，偷猎。黑猩猩或大猩猩会被当作食物猎杀；猩猩则是由于在油棕榈种植园出没造成了破坏，所以被猎杀。以非洲而言，首先是大象，其次是大猩猩，再然后是黑猩猩，总之是按照从大到小的顺序依次消失，只是因为这些野生动物都是免费的肉。

在博所，35 年间曾经发生过两次黑猩猩意外受伤的事件，都是误入了一种叫作“跳夹”的铁丝陷阱。这种陷阱是猎捕小动物用的，不小心触动的话，压弯的树枝就会突然从地上弹起，铁丝会缠住猎物的手或脚，牢牢地咬进肉里。想象一下，铁丝嵌进肉里该有多疼啊！2009年的事故中，5岁的黑猩猩女孩乔雅中指、无名指和小拇指被铁丝缠住，小拇指尖被切掉了。

第三个原因是疾病，主要是传染病。人类罹患的疾病，黑猩猩全都会得。人类的村子里流行小儿麻痹症，黑猩猩也会受到感染；黑猩猩得了埃博拉出血热，也会传染给人类。所有的疾病都会在人类和黑猩猩之间双向传染。

绿色走廊项目

博所的黑猩猩分别在 2007 年和 2009 年生下了孩子。2009 年出生的乔德雅蒙不满 1 岁就死去了。如今，虽然族群的个体数量达到了 13，而且 2007 年出生的弗朗雷正在健康地成长，但是他好像有哪里不对劲。仔细观察的话，会发现弗朗雷有 6 根手指（见图 62）。

这是多指症。人类也会出于各种各样的原因而出现多指症，原因之一是族群内的近亲繁殖。在我进行观察的 25 年间，始终没有出生在其他地方的雌性黑猩猩移居到博所的族群中来。恐怕，这个族群里的血缘已经太近了。

在博所黑猩猩栖息地的东侧，有座被认定为世界自然遗产的宁巴山，那里也有黑猩猩。以栖息地的面积来推算，大约有 300 个黑猩猩生活在那里。绿色走廊项目的目的是在博所和宁巴之间的稀树草原上植树造林，从而将两处栖息地连接在一起。这个项目始于 1997 年，持续至今。只要两处栖息地能够连接起来，两个黑猩猩族群就有望相互交流。

这是我和塔季扬娜·胡姆勒（Tatyana Humle）、大桥岳、森村成树等人共同努力策划实施的项目。

图 62　2007 年出生的弗朗雷，右手有 6 根手指（提供：朝日新闻社，摄影：竹谷俊之）

绿色走廊项目的计划是，先培育树苗，然后运到稀树草原上去种植。那个时候，我们会用汽车运载一种由聚丙烯制成的植物生长保护管去植树的地方。这种管子呈六边形，可以保持一定的温度与湿度，防止山羊、绵羊啃食之害，也可以防止风把树苗吹倒。我们一共插了 3500

支这样的管子。树苗的根扎牢之后，便以每年超过 1.4 米的速度茁壮成长起来。

这个项目从 1997 年开始实施，让部分区域恢复成了森林。森林中有我们每隔 5 米种下的异态木，也有依靠风或鸟类运来的种子发芽生长成的树木。

不幸的是，2007 年 1 月 4 日，草原上燃起了野火。野火有两种类型，自然原因引起的野火和人为的蓄意纵火。无论如何，由于稀树草原十分干燥，火势一发不可收，一下子就蔓延开来。

没办法，一切只能从头再来。我们把原本 10 米宽的防火带增加到 20 米。当前，没有比继续种树更加重要的事情了。

除了培育树苗外，我们还使用了扦插的方法，这是大桥岳的主意。非洲的居民为了防止小动物进入田地，会用树枝做成篱笆加以保护。仔细观察，会发现篱笆中有树枝生了根、发了芽。我们根据经验弄清楚了扦插的效果，在研究了很多树种后，发现太平洋榅桲的扦插生根率很高。因此，我们总共插了 1523 枝太平洋榅桲，一个月后有 891 枝顺利生根，成功率为 58.5%。

我们还下了另一番功夫。如果先培育出树苗，再移植到稀树草原的话，树苗会很快枯萎，这是理所当然的事情。虽然每天浇水、细心照料，树苗还是很虚弱的，再移植到烈日炎炎的稀树草原，尽管有六边形的植物生长保护管保护，还是有很多树苗枯死。因此，大桥岳转变思维，提出直接到稀树草原去做苗床，将树苗安置在那里。我们支起被称为“衣架”的亭子，就把那里作为培育幼苗的苗床。一开始什么也没有的地方，现在渐渐恢复成了小树林。

除了这样植树造林，我们还修建了厕所。博所村每隔几年就会有一次霍乱流行，死掉三四个人。村子里没有厕所，村民们都是去树林里大小便的。黑猩猩经过人类大小便后的地方，不可避免地会感染上疾病。我们调查过博所黑猩猩的肠道内菌群，知道他们的体内实在不太干净，有很多与人类肠道内相同的细菌。因此，我们修建了 23 处厕所，其中一半资金来自英国大使的捐款。之所以有这样的缘分，是因为我们的团队接收了剑桥大学的学生研究者。

还有小学。绿色走廊另一头的塞林巴拉村连小学都没有，孩子们必须徒步走上 4 千米，到博所来上学。为了改善这样的状况，我们建了小学。大约花费 30 万日元，就可以建一所拥有三间教室的小学。只要购买镀锌铁皮屋顶、水泥、钉子和门窗，剩下的工作就是把土晒干做成泥砖，让孩子们的父亲和兄弟参与修建，大家合力盖起校舍。

2009 年，我带着挚友松林公藏一起去了博所。松林教授是开创“田野医学”这门新学科的人。他研究的是老年病学与老龄化，不需要老人到医院来，而是由他亲自到老人居住的地方拜访，这就是他做研究的方式。对于住在距离首都上千公里的偏远之地的村民而言，他这位医生更是备受爱戴。我们把松林教授这样的人请到博所，尽可能地获得当地村民的帮助，以全线出击的方式，推进保护黑猩猩及其栖息地森林的活动。

为了让人们了解这些活动，我们用法语、英语和日语做了宣传小册子，向大众募集捐款。几内亚有 10 个部族、10 种语言，但因为曾经是法国的殖民地，所以官方语言是法语。小学生不会法语，我们就用当地人使用的马诺语，拿着小册子讲给他们听。我们还为此做了画册。在当地的中学课堂上，我用自己不太灵光的法语，借助录像亲自做了情景教学。

非洲孩子们的双眸闪闪发光（见图 63），父母们也非常热心教育。这样坚持不懈地努力下去，非洲一定会有美好的未来。肩负起下一个时代的年轻人，就从非洲开始培养吧，他们将守护着森林，守护着黑猩猩。

图 63　博所的孩子们（摄影：松泽哲郎）

我想一边描绘着这样的未来，一边把黑猩猩的研究进行下去。

从 2009 年年底到 2010 年年初，我和往年一样去了博所。此前总是带着学生一起去，但这一次，我在即将出发前取消了和学生、媒体同行的计划。

那是因为在此前的一年，君临几内亚共和国长达 24 年的独裁者兰萨纳·孔戴（Lansana Conté）总统去世，随后发生和平政变，政治实权落入军方手中，卡马拉（Moussa Dadis Camara）上尉出任临时总统。2009 年 12 月 3 日，卡马拉头部受重伤，濒临死亡。要在这样的事态下带着学生去几内亚，实在不是明智之举，因此我便独自去了。

一个人去的话，我有自信安排好一切。万一我出了什么事，也不会有多大影响。久违了，在博所晚上只点蜡烛的生活。在那里，我一边观察黑猩猩，一边好了伤疤忘了疼地去照顾那些树，就这样度过了每一天。

绿色走廊的最初构想，是要种出一片宽 300 米、长达 4 千米的森林绿地。每隔 5 米种一棵树的话，要种 48000 棵树。我们准备每年种 8000 ~ 10000 棵。假设成活率能达到 25%，每 4 棵树里会有 3 棵枯死，因此必须种上 48000 棵树的 4 倍，也就是大约 20 万棵树，才能形成我们想要的绿色地带。

理论上可以这样计算，但实际情况是，无论我们多么努力去植树，一旦遭遇草原大火，野火就会把一切都烧尽。希腊神话里有个名叫西西弗斯的人，每天把一块巨石吭哧吭哧地推上山，但快要到达山顶的时候，石头就会骨碌碌地滚下来。于是，他便再一次举起石头往山上推。我心里一边想着“我们就好像神话故事里的西西弗斯一样啊”，一边继续种树。

有一本我很喜欢的书，书名叫作《植树的男人》，讲的是一个老人，每天独自拄着拐杖，种下一棵棵橡树，这些橡树终于长大成林，让法国南部的普罗旺斯地区艾克斯重获森林。我非常喜欢这个故事。总之，只要把树一棵又一棵地种下去就好。

我相信，把这样的努力一直持续下去，总有一天，非洲的稀树草原会再次成为绿意盎然的森林！

后记

这本书，我是当作遗作来写的。

口出如此狂言，着实让我自己感到难为情。但是，我是真的抱有这样的精神准备。至今为止，无论用日语还是英语，我写过的论文、著作不知有多少，每一本、每一篇都能勾起我深刻的回忆。但是，没有任何一本书让我投入了这么深厚的感情。

我的人生已经迈入耳顺之年，感受到了上天赋予我的重大使命，出于感恩，我也想把人生积累到巅峰的所得留给世界——这就是许许多多人协力推动的黑猩猩心智研究。

我想在后记里记下本书诞生的经过。

2000 年小爱生下儿子小步后，黑猩猩心智研究进入了新纪元。自那时起，所有研究都以连载的方式在岩波书店的《科学》月刊上发表，公布给全世界。这些由共同研究者每月轮流执笔的文章，已经迎来了第100篇。作为纪念，我们编写了《什么是人类：从黑猩猩研究揭示的答案》一书。

《什么是人类》是本书的姊妹篇，作者多达54人。读者能从这本书中了解到黑猩猩心智研究的多元扩展。

与此相呼应，本书则是我的个人观点，只选用自己深入参与过的研究所得的素材，尝试回答“什么是人类”这个问题。

意识到自己已经进入耳顺之年后，我就开始积极准备了。很幸运的是，通过演讲与授课，我有很多机会把自己的研究成果或者独创思维传达给大家。在这个过程中，我不断地下功夫磨炼，尽力把自己在科研中的所感所得以完整的方式传达给大家，而不是只截取知识和见解的片段。

“心智”“语言”“感情纽带”是本书涉及的主题。在书中，我努力把从黑猩猩身上找到的关于人类本性的答案，通过一个完整的故事，以纵观全局的视角讲述给读者。

2009年年初，我收到旧友、北海道大学松岛俊也教授的邀请，一年后去他那里集中授课。“就是它了。”我当时想。就在那个时间节点上，拿着讲义，我决心写出这本书。连出版社都没定，就先决定要写书了。

后来因缘际会，岩波书店的滨门麻美子担任了本书的编辑。

2009 年 10 月 4 日，我在东京大学举办了捐助讲座——贝乐思集团比较认知发展研究部门的演讲会。

我以演讲的形式，把一个相当于本书概要的完整故事，介绍给了作为听众的滨门女士。

“我想写一本讲述这些内容的书，可以拜托你吗？”

2010 年 1 月 28 日和 29 日，我在北海道大学理学部举行了集中授课以及公开研讨会。我用 PPT 做出了详细的授课讲义，滨门女士则对所有的授课内容都录了音。以这些记录为基础，本书就此诞生。

最后，我想要表达谢意。

作为本书基础的所有研究，经费均由日本文部省与独立行政法人日本学术振兴会提供。尤其是从 1995 年开始，我们得到了连续 4 期的资助，进行名为“特别推进研究”的科研项目。如果没有国家经费的支持，我想本书的研究是不可能实现的。借助非洲和日本双方搭建的研究平台，我们才能够全面而完整地了解黑猩猩的心智。

我想对友永雅己、田中正之、林美里、足立几磨、伊村知子、平田聪、山本真也诸位同人表示感谢。他们分别在京都大学灵长类研究所的思维语言领域、国际共同尖端研究中心、比较认知发展研究部门、倭黑猩猩研究部门等与我相关联的部门任职。在这些机构里没有副教授职位，各位同人以助理教授的身份承担了繁重的研究和管理工作。作为共同研究者，他们也从各自的视角出发，进行着对黑猩猩的独特研究。若是没有他们日复一日的支持，我不可能在担任所长的同时进行教学和研究。

还有一年365天照顾黑猩猩的饲养员、兽医、支持研究的技术人员、办公室行政人员，也都是我要感谢的人。由于篇幅有限，我无法把所有人的名字都罗列出来，只能以其中一位为代表，表达我诚挚的感谢，她就是我的秘书酒井道子。酒井小姐多年来善尽秘书之职，即使面对每年日益繁重的事务，依然鼎力提供协助。

在非洲的研究则要感谢几内亚高等教育科学研究部的协助。我们与研究部下辖的、由阿里·加斯帕尔·苏马（Aly Gaspard Soumah）担任所长的博所环境研究所进行共同研究。我也想对一起推进野外研究国际化的共同研究者们表达感谢之情，他们是塔季扬娜·胡姆勒、多拉·比罗、克劳迪娅·索萨等。此外，我还要对常年对我们照顾有加的当地日本大使馆的历任大使与官员表示崇高的谢意。

深深感谢本书的编辑、岩波书店的滨门麻美子，她对本书尽心尽力。

最后，虽然从来没有在著作里提及，但我想特别对一起走过如此人生岁月的妻子和现在已经独立生活的两个孩子，献上我诚挚的谢意。

松泽哲郎

2011 年 1 月

参考文献

Adachi, I., Kuwahata, H., Fujita, K., Tomonaga, M. & Matsuzawa, T. (2006). Japanese macaques form a cross-modal representation of their own species in their first year of life . *Primates*, 47, 350–354.

Adachi, I., Kuwahata, H., Fujita, K., Tomonaga, M. & Matsuzawa, T. (2009). Plasticity of ability to form cross-modal representations in infant Japanese macaques. *Developmental Science*, 12, 446–452.

Anderson, J., Myowa-Yamakoshi, M. & Matsuzawa, T. (2004). Contagious yawning in chimpanzees. *Biology Letters (The Royal Society)*, 271, S468–S470.

Bard, K., Myowa-Yamakoshi, M., Tomonaga, M., Tanaka, M., Costal, A. & Matsuzawa, T. (2005). Group differences in the mutual gaze of chimpanzees (*Pan troglodytes*). *Developmental Psychology,* 41, 616–624.

Berlin, B. & Kay, P. (1969). *Basic color terms: Their universality and evolution*. University of California Press.

Biro, D., Humle, T., Koops, K., Sousa, C., Hayashi, M. & Matsuzawa, T. (2010). Chimpanzee mothers at Bossou, Guinea carry the mummified remains of their dead infants. *Current Biology*, 20(8), R351–352.

Biro, D., Inoue-Nakamura, N., Tonooka, R., Yamakoshi, G., Sousa, C. & Matsuzawa, T. (2003). Cultural innovation and transmission of tool use in wild chimpanzees: Evidence from field experiment. *Animal Cognition,* 6, 213–223.

Biro, D. & Matsuzawa, T. (1999). Numerical ordering in a chimpanzee (*Pan troglodytes*): Planning, executing, monitoring. *Journal of Comparative Psychology,* 113(2), 178–185.

Biro, D. & Matsuzawa, T. (2001). Use of numerical symbols by the chimpanzee (*Pan troglodytes*): Cardinals, ordinals, and the introduction of zero. *Animal Cognition*, 4, 193–199.

Boesch, C. (1994). Cooperative hunting in wild chimpanzees. *Animal Behaviour,* 48, 653–667.

Carvalho, S., Biro, D., McGrew, W. C. & Matsuzawa, T. (2009). Tool-composite reuse in wild chimpanzees (*Pan troglodytes*): Archaeologically invisible steps in the technological evolution of early hominins? *Animal Cognition*, 12, S103–S114.

Carvalho, S., Cunha, E., Sousa, C. & Matsuzawa, T. (2008). Chaînes opératoires and resource-exploitation strategies in chimpanzee (*Pan troglodytes*) nut cracking . *Journal of Human Evolution*, 55, 148–163.

The Chimpanzee Sequencing and Analysis Consortium (2005). Initial sequence of the chimpanzee genome and comparison with the human genome . *Nature,* 437, 69–87.

Crast, J., Fragaszy, D., Hayashi, M. & Matsuzawa, T. (2009). Dynamic in-hand movements in adult and young juvenile chimpanzees (*Pan troglodytes*). *American Journal of Physical Anthropology,* 138, 274–285.

De Waal, F. (2001). *The ape and the sushi master*. Basic Books.

Emery-Thompson, M., Jones, J., Pusey, A., Brewer-Marsden, S., Goodall, J., Matsuzawa, T., Nishida, T., Reynolds, V., Sugiyama, Y. & Wrangham, R. (2007). Aging and fertility patterns in wild chimpanzees provide insights into the evolution of menopause . *Current Biology,* 17, 2150–2156.

Ferrari, P., Paukner, A., Ionica, C. & Suomi, S. (2009). Reciprocal face-to-face communication between rhesus macaque mothers and their newborn infants. *Current Biology,* 19, 1768–1772.

Fujita, K. & Matsuzawa, T. (1990). Delayed figure reconstruction by a chimpanzee (*Pan troglodytes*) and humans (*Homo sapiens*). *Journal of Comparative Psychology,* 104, 345–351.

Goodall, J. (1986). *The chimpanzees of Gombe: Patterns of behavior.* Harvard University Press.

Hamada, Y. & Udono, T. (2006). Understanding the growth pattern of chimpanzees: Does it conserve the pattern of the common ancestor of humans and chimpanzees? In: Matsuzawa, T., Tomonaga, M. & Tanaka, M. (eds.), *Cognitive development in chimpanzees*. Pp. 96–112, Springer.

Hawkes, K., O'Connell, J., Blurton-Jones, N., Alvarez, H. & Charnov, E. (1998). Grandmothering, menopause, and the evolution of human life histories. *Proceedings of the National Academy of Sciences of the USA,* 95, 1336–1339.

Hayashi, M. (2007a). Stacking of blocks by chimpanzees: Developmental processes and physical understanding. *Animal Cognition,* 10, 89–103.

Hayashi, M. (2007b). A new notation system of object manipulation in the nesting-cup task for chimpanzees and humans. *Cortex,* 43, 308–318.

Hayashi, M. & Matsuzawa, T. (2003). Cognitive development in object manipulation by infant chimpanzees. *Animal Cognition,* 6, 225–233.

Hayashi, M., Mizuno, Y. & Matsuzawa, T. (2005). How does stone-tool use emerge? Introduction of stones and nuts to naïve chimpanzees in captivity. *Primates*, 46, 91–102.

Hayashi, M., Sekine, S., Tanaka, M. & Takeshita, H. (2009). Copying a model stack of colored blocks by chimpanzees and humans. *Interaction Studies*, 10, 130–149.

Hayashi, M., Takeshita, H. (2009). Stacking of irregularly shaped blocks in chimpanzees (*Pan troglodytes*) and young humans (*Homo sapiens*). *Animal Cognition*, 12, S49–S58.

Hill, K. & Hurtado, A. (1996). *Ache life history: The ecology and demography of a foraging people.* Aldine de Gruyter.

Hirata, S. & Celli, M. (2003). Role of mothers in the acquisition of tool-use behaviours by captive infant chimpanzees. *Animal Cognition,* 6, 235–244.

Hirata, S. & Matsuzawa, T. (2001). Tactics to obtain a hidden food item in chimpanzee pairs (*Pan troglodytes*). *Animal Cognition*, 4, 285–295.

Hirata, S., Morimura, N. & Houki, C. (2009). How to crack nuts: Acquisition process in captive chimpanzees (*Pan troglodytes*) observing a model. *Animal Cognition*, 12, S87–S101.

Hirata, S., Myowa, M. & Matsuzawa, T. (1998). Use of leaves as cushions to sit on wet ground by wild chimpanzees. *American Journal of Primatology*, 44, 215–220.

Hirata, S., Yamakoshi, G., Fujita, S., Ohashi, G. & Matsuzawa, M. (2001). Capturing and toying with hyraxes (*Dendrohyrax dorsalis*) by wild chimpanzees (*Pan troglodytes*) at Bossou, Guinea . *American Journal of Primatology,* 53(2), 93–97.

Hockings, K. J. (2009). Living at the interface: Human-chimpanzee competition, coexistence and conflict in Africa . *Interaction Studies*, 10, 183–205.

Hockings, K. J., Anderson, J. R. & Matsuzawa, T. (2006). Road crossing in chimpanzees: A risky business. *Current Biology,* 16(17), R668–670.

Hockings, K. J., Anderson, J. R. & Matsuzawa, T. (2009). Use of wild and cultivated foods by chimpanzees at Bossou, Republic of Guinea: Feeding dynamics in a human-influenced environment. *American Journal of Primatology,* 71, 1–11.

Hockings, K., Humle, T., Anderson, J., Biro, D., Sousa, C., Ohashi, G. & Matsuzawa, T. (2007). Chimpanzees share forbidden fruit. *PLoS ONE*, Issue 9, 1–4.

Howell, N. (1979). *Demography of the Dobe !Kung*. Academic Press.

Humle, T. & Matsuzawa, T. (2001). Behavioural diversity among the wild chimpanzee populations of Bossou and neighbouring areas, Guinea and Côte d'Ivoire, West Africa . *Folia Primatologica*, 72(2), 57–68.

Humle, T. & Matsuzawa, T. (2002). Ant-dipping among the chimpanzees of Bossou, Guinea, and some comparisons with other sites. *American Journal of Primatology,* 58(3), 133–148.

Humle, T. & Matsuzawa, T. (2004). Oil palm use by adjacent communities of chimpanzees at Bossou and Nimba Mountains, West Africa . *International Journal of Primatology*, 25(3), 551–581.

Humle, T. & Matsuzawa, T. (2009). Laterality in hand use across four tool-use behaviors among the wild chimpanzees of Bossou, Guinea, West Africa . *American Journal of Primatology,* 70, 40–48.

Humle, T., Snowdon, C. T. & Matsuzawa, T. (2009). Social influences on ant-dipping acquisition in the wild chimpanzees (*Pan troglodytes verus*) of Bossou, Guinea, West Africa . *Animal Cognition*, 12, S37–S48.

Idani, G. (1991). Social relationships between immigrant and resident bonobos (*Pan paniscus*) females at Wamba . *Folia Primatologica,* 57, 83–95.

Inoue, S. & Matsuzawa, T. (2007). Working memory of numerals in chimpanzees. *Current Biology,* 17, R1004–R1005.

Inoue, S. & Matsuzawa, T. (2009). Acquisition and memory of sequence order in young and adult chimpanzees (*Pan troglodytes*). *Animal Cognition*, 12, S59–S69.

Inoue-Nakamura, N. & Matsuzawa, T. (1997). Development of stone tool use by wild chimpanzees (*Pan troglodytes*). *Journal of Comparative*

Psychology, 111(2), 159–173.

Itakura, S. & Matsuzawa, T. (1993). Acquisition of personal pronouns by a chimpanzee. In: Roitblat, H., Herman, L. & Nachtigall, P. (eds.), *Language and communication: Comparative perspectives*. Pp. 347–262, Lawrence Erlbaum.

Iversen, I. & Matsuzawa, T. (1996). Visually guided drawing in the chimpanzee (*Pan troglodytes*). *Japanese Psychological Research*, 38(3), 126–135.

Iversen, I. & Matsuzawa, T. (2003). Development of interception of moving targets by chimpanzees (*Pan troglodytes*) in an automated task. *Animal Cognition*, 6(3), 169–183.

Kano, T. (1992). *The last ape: Pygmy chimpanzee behavior and ecology*. Stanford University Press.

Kawai, N. & Matsuzawa, T. (2000). Numerical memory span in a chimpanzee. *Nature*, 403, 39–40.

Kawakami, K., Takai-Kawakami, K., Tomonaga, M., Suzuki, J., Kusaka, F. & Okai, T. (2006). Origins of smile and laughter: A preliminary study. *Early Human Development,* 82, 61–66.

Kawakami, K., Takai-Kawakami, K., Tomonaga, M., Suzuki, J., Kusaka, F. & Okai, T. (2007). Spontaneous smile and spontaneous laugh: An intensive longitudinal case study. *Infant Behavior and Development*, 30, 146–152.

Koops, K., Humle, T., Sterck, E. & Matsuzawa, T. (2007). Ground-nesting by the chimpanzees of the Nimba Mountains, Guinea: Environmentally or socially determined? *American Journal of Primatology,* 69, 407–419.

Koops, K. & Matsuzawa, T. (2006). Hand clapping by a chimpanzee in the Nimba Mountains, Guinea, West Africa. *Pan Africa News*, 13, 19–20.

Koops, K., McGrew, W. & Matsuzawa, T. (2010). Do chimpanzees (*Pan troglodytes*) use cleavers and anvils to fracture *Treculia africana* fruits? Preliminary data on a new form of percussive technology. *Primates*, 51, 175–178.

Kuwahata, H., Adachi, I., Fujita, K., Tomonaga, M. & Matsuzawa, T. (2004). Development of schematic face preference in macaque monkeys. *Behavioural Processes*, 66(1), 17–21.

Lonsdorf, E., Ross, S. & Matsuzawa, T. (2010). *The mind of the chimpanzee: Ecological and experimental perspectives*. The University of Chicago Press.

Martinez, L. & Matsuzawa, T. (2009a). Visual and auditory conditional position discrimination in chimpanzees (*Pan troglodytes*). *Behavioural Processes,* 82, 90–94.

Martinez, L. & Matsuzawa, T. (2009b). Auditory–visual intermodal matching based on individual recognition in a chimpanzee (*Pan troglodytes*). *Animal Cognition*, 12, S71–S85.

Matsuno, T., Kawai, N. & Matsuzawa, T. (2004). Color classification by chimpanzees (*Pan troglodytes*) in a matching-to-sample task. *Behavioural Brain Research,* 148(1–2), 157–165.

Matsuzawa, T. (1985a). Use of numbers by a chimpanzee . *Nature*, 315, 57–59.

Matsuzawa, T. (1985b). Colour naming and classification in a chimpanzee

(*Pan troglodytes*). *Journal of Human Evolution*, 14, 283–291.

Matsuzawa, T. (1990). Form perception and visual acuity in a chimpanzee . *Folia Primatologica,* 55, 24–32.

Matsuzawa, T. (1991). The duality of language-like skill in a chimpanzee (*Pan troglodytes*). In: Ehara, A., Kimura, T., Takenaka, O. & Iwamoto, M. (eds.), *Primatology today*. Pp. 317–320, Elsevier.

Matsuzawa, T. (1991). Nesting cups and meta-tool in chimpanzees. *Behavioral and Brain Sciences*, 14(4), 570–571.

Matsuzawa, T. (1994). Field experiment on use of stone tools by chimpanzees in the wild. In: Wrangham, R., de Waal, F., McGrew, W. & Heltne, P. (eds.), *Chimpanzee cultures*. Pp. 351–370, Harvard University Press.

Matsuzawa, T. (1996). Chimpanzee intelligence in nature and in captivity: Isomorphism of symbol use and tool use. In: McGrew, W. C., Marchant, L. F. & Nishida, T. (eds.), *Great Ape Societies*. Pp. 196–209, Cambridge University Press.

Matsuzawa, T. (1997). The death of an infant chimpanzee at Bossou, Guinea. *Pan Africa News*, 4(1), 4–6.

Matsuzawa, T. (1998). Chimpanzee behavior: Comparative cognitive perspective. In: Greenberg, G. & Haraway, M. (eds.), *Comparative psychology: A handbook*. Pp. 360–375, Garland Publishers.

Matsuzawa, T. (1999). Communication and tool use in chimpanzee: Cultural and social contexts. In: Hauser, M. & Konishi, M. (eds.), *The design of animal communication*. Pp. 645–671, The MIT Press.

Matsuzawa, T. (ed.) (2001). *Primate origins of human cognition and behavior*. Springer.

Matsuzawa, T. (2001). Primate foundations of human intelligence: A view of tool use in nonhuman primates and fossil hominids. In: T. Matsuzawa (ed.), *Primate origins of human cognition and behavior*. Pp. 3–25, Springer.

Matsuzawa, T. (2003). The Ai project: Historical and ecological contexts. *Animal Cognition,* 6, 199–211.

Matsuzawa, T. (2006a). Sociocognitive development in chimpanzees: A synthesis of laboratory work and fieldwork. In: Matsuzawa, T., Tomonaga, M. & Tanaka, M. (eds.), *Cognitive development in chimpanzees*. Pp. 3–33, Springer.

Matsuzawa, T. (2006b). Evolutionary origins of the human mother-infant relationship. In: Matsuzawa, T., Tomonaga, M. & Tanaka, M. (eds.), *Cognitive development in chimpanzees*. Pp. 127–141, Springer.

Matsuzawa, T. (2006c). Bossou 30 years. *Pan Africa News,* 13, 16–19.

Matsuzawa, T. (2007). Comparative cognitive development. *Developmental Science,* 10, 97–103.

Matsuzawa, T. (2009). Symbolic representation of number in chimpanzees. *Current Opinion in Neurobiology,* 19, 92–98.

Matsuzawa, T. (2009b). Q & A: Tetsuro Matsuzawa . *Current Biology*, 19, R310–R312.

Matsuzawa, T. (2010). A trade-off theory of intelligence. In: Mareschal, D. et al. (eds.), *The making of human concepts*. Pp. 227–245, Oxford University

Press.

Matsuzawa, T., Biro, D., Humle, T., Inoue-Nakamura, N., Tonooka, R. & Yamakoshi, G. (2001). Emergence of culture in chimpanzees: Education by master-apprenticeship. In: Matsuzawa, T. (ed.), *Primate origins of human cognition and behavior*. Pp. 557–574, Springer.

Matsuzawa, T., Humle, T. & Sugiyama, Y. (2011). *Chimpanzees of Bossou and Nimba*. Springer.

Matsuzawa, T. & Kourouma, M. (2008). The green corridor project: Long-term research and conservation in Bossou, Guinea. In: Wrangham, R. & Ross, E. (eds.), *Science and conservation in African forests: The benefits of long-term research*. Pp. 201–212, Cambridge University Press.

Matsuzawa, T. & McGrew, W. C. (2008). Kinji Imanishi and 60 years of Japanese Primatology. *Current Biology,* 18(14), R587–R591.

Matsuzawa, T., Sakura, O., Kimura, T., Hamada, Y. & Sugiyama, Y. (1990). Case report on the death of a wild chimpanzee (*Pan troglodytes verus*). *Primates*, 31(4), 635–641.

Matsuzawa, T., Tomonaga, M. & Tanaka, M. (eds.) (2006). *Cognitive development in chimpanzees*. Springer.

Matsuzawa, T. & Yamakoshi, G. (1996). Comparison of chimpanzee material culture between Bossou and Nimba, West Africa. In: Russon, A., Bard, K. & Parker, S. (eds.), *Reaching into thought*. Pp. 211–232, Cambridge University Press.

McGrew, W. C. (2004). *The cultured chimpanzee: Reflections on cultural primatology* . Cambridge University Press.

Miyabe-Nishiwaki, T., Kaneko, A., Nishiwaki, K., Watanabe, A., Watanabe, S., Maeda, N., Kumazaki, K., Morimoto, M., Hirokawa, R., Suzuki, J., Ito, Y., Hayashi, M., Tanaka, M., Tomonaga, M. & Matsuzawa, T. (2010). Tetraparesis resembling acute transverse myelitis in a captive chimpanzee (*Pan troglodytes*): Long-term care and recovery. *Journal of Medical Primatology,* 39, 336–346.

Mizuno, Y., Takeshita, H. & Matsuzawa, T. (2006). Behavior of infant chimpanzees during the night in the first 4 months of life: Smiling and suckling in relation to behavioral state. *Infancy*, 9(2), 215–234.

Möbius, Y., Boesch, C., Koops, K., Matsuzawa, T. & Humle, T. (2008). Cultural differences in army ant predation by West African chimpanzees? A comparative study of microecological variables. *Animal Behaviour*, 76, 37–45.

Morimura, N. & Matsuzawa, T. (2001). Memory of Movies by Chimpanzees (*Pan troglodytes*). *Journal of Comparative Psychology*, 115(2), 152–158.

Murai, C., Kosugi, D., Tomonaga, M., Tanaka, M., Matsuzawa, T. & Itakura, S. (2005). Can chimpanzee infants (*Pan troglodytes*) form categorical representations in the same manner as human infants (*Homo sapiens*)? *Developmental Science,* 8(3), 240–254.

Myowa-Yamakoshi, M. & Matsuzawa, T. (1999). Factors influencing imitation of manipulatory actions in chimpanzees (*Pan troglodytes*). *Journal of Comparative Psychology,* 113(2), 128–136.

Myowa-Yamakoshi, M. & Matsuzawa, T. (2000). Imitation of intentional manipulatory actions in chimpanzees (*Pan troglodytes*). *Journal of*

Comparative Psychology, 114(4), 381–391.

Myowa-Yamakoshi, M., Tomonaga, M., Tanaka, M. & Matsuzawa, T. (2003). Preference for human direct gaze in infant chimpanzees (*Pan troglodytes*). *Cognition*, 89(2), 113–124.

Myowa-Yamakoshi, M., Tomonaga, M., Tanaka, M. & Matsuzawa, T. (2004). Imitation in neonatal chimpanzees (*Pan troglodytes*). *Developmental Science*, 7, 437–442.

Myowa-Yamakoshi, M., Yamaguchi, M., Tomonaga, M., Tanaka, M. & Matsuzawa, T. (2005). Development of face recognition in infant chimpanzees (*Pan troglodytes*). *Cognitive Development*, 20, 49–63.

Nakamura, M. & Nishida, T. (2004). Subtle behavioral variation in wild chimpanzees, with special reference to Imanishi's concept of *kaluchua*. *Primates,* 47, 35–42.

Nishimura, T., Mikami, A., Suzuki, J. & Matsuzawa, T. (2003). Descent of the larynx in chimpanzee infants. *Proceedings of the National Academy of Sciences of the USA,* 100(12), 6930–6933.

Okamoto, S., Tomonaga, M., Ishii, K., Kawai, N., Tanaka, M. & Matsuzawa, T. (2002). An infant chimpanzee (*Pan troglodytes*) follows human gaze . *Animal Cognition,* 5(2), 107–114.

Okamoto-Barth, S., Tomonaga, M., Tanaka, M. & Matsuzawa, T. (2008). Development of using experimenter-given cues in infant chimpanzees: Longitudinal changes in behavior and cognitive development. *Developmental Science*, 11(1), 98–108.

Sakura, O. & Matsuzawa, T. (1991). Flexibility of wild chimpanzee nutcracking behavior using stone hammers and anvils: An experimental analysis. *Ethology*, 87, 237–248.

Shimada, M. K., Hayakawa, S., Fujita, S., Sugiyama, Y. & Saitou, N. (2009). Skewed matrilineal genetic composition in a small wild chimpanzee community. *Folia Primatologica,* 80, 19–32.

Sousa, C. & Matsuzawa, T. (2001). The use of tokens as rewards and tools by chimpanzees. *Animal Cognition*, 4, 213–221.

Sousa, C., Okamoto, S. & Matsuzawa, T. (2003). Behavioural development in a matching-to-sample task and token use by an infant chimpanzee reared by his mother. *Animal Cognition*, 6(4), 259–267.

Sugiyama, Y., Fushimi, T., Sakura, O. & Matsuzawa, T. (1993). Hand preference and tool use in wild chimpanzees. *Primates*, 34(2), 151–159.

Takeshita, H., Fragaszy, D., Mizuno, Y., Matsuzawa, T., Tomonaga, M. & Tanaka, M. (2005). Exploring by doing: How young chimpanzees discover surfaces through actions with objects. *Infant Behavior and Development*, 28, 316–328.

Takeshita, H., Myowa-Yamakoshi, M. & Hirata, S. (2009). The supine position of postnatal human infants: Implications for the development of cognitive intelligence . *Interaction Studies*, 10, 252–268.

Tanaka, M., Tomonaga, M. & Matsuzawa, T. (2003). Finger drawing by infant chimpanzees (*Pan troglodytes*). *Animal Cognition*, 6, 245–251.

Tomonaga, M. (2008). Relative numerosity discrimination by chimpanzees (*Pan troglodytes*): Evidence for approximate numerical representations. *Animal Cognition*, 11, 43–57.

Tomonaga, M., Itakura, S. & Matsuzawa, T. (1993). Superiority of conspecific faces and reduced inversion effect in face perception by a chimpanzee . *Folia Primatologica*, 61, 110–114.

Tomonaga, M. & Matsuzawa, T. (2002). Enumeration of briefly presented items by the chimpanzee (*Pan troglodytes*) and humans (*Homo sapiens*). *Animal Learning and Behavior,* 30(2), 143–157.

Tomonaga, M., Matsuzawa T., Fujita, K. & Yamamoto, J. (1991). Emergence of symmetry in a visual conditional discrimination by chimpanzees (*Pan troglodytes*). *Psychological Reports*, 68, 51–60.

Tomonaga, M., Tanaka, M., Matsuzawa, T., Myowa-Yamakoshi, M., Kosugi, D., Mizuno, Y., Okamoto, S., Yamaguchi, M. & Bard, K. (2004). Development of social cognition in infant chimpanzees (*Pan troglodytes*): Face recognition, smiling, gaze, and the lack of triadic interactions. *Japanese Psychological Research*, 46(3), 227–235.

Tonooka, R. & Matsuzawa, T. (1995). Hand preferences of captive chimpanzees (*Pan troglodytes*) in simple reaching for food. *International Journal of Primatology,* 16, 17–35.

Tonooka, R., Tomonaga, M. & Matsuzawa, T. (1997). Acquisition and transmission of tool making and use for drinking juice in a group of captive chimpanzees (*Pan troglodytes*). *Japanese Psychological Research*, 39(3), 253–265.

Uenishi, G., Fujita, S., Ohashi, G., Kato, A., Yamauchi, S., Matsuzawa, T. & Ushida, K. (2007). Molecular analyses of the intestinal microbiota of chimpanzees in the wild and in captivity. *American journal of*

Primatology, 69, 1–10.

Ueno, A. & Matsuzawa, T. (2004). Food transfer between chimpanzee mothers and their infants. *Primates*, 45, 231–239.

Ueno, A. & Matsuzawa, T. (2005). Response to novel food in infant chimpanzees: Do infants refer to mothers before ingesting food on their own? *Behavioural Processes*, 68(1), 85–90.

Weiss, A., Inoue-Murayama, M., Hong, K. W., Inoue, E., Udono, T., Ochiai, T., Matsuzawa, T., Hirata, S. & King, J. (2009). Assessing chimpanzee personality and subjective well-being in Japan. *American Journal of Primatology*, 71, 283–292.

White, T. D., Asfaw, B., Beyene, Y., Haile-Selassie, Y., Lovejoy, C. O., Suwa, G. & WoldeGabriel, G. (2009). *Ardipithecus ramidu*s and the Paleobiology of early hominids. *Science*, 326, 75–86.

Whiten, A., Goodall, J., McGrew, W. C., Nishida, T., Reynolds, V., Sugiyama, Y., Tutin, C. E., Wrangham, R. & Boesch, C. (1999). Cultures in chimpanzees. *Nature*, 399, 682–685.

Wilson, E. (1975). *Sociobiology*. Harvard University Press.

Yamamoto, S., Yamakoshi, G., Humle, T. & Matsuzawa, T. (2008). Invention and modification of a new tool use behavior: Ant-fishing in trees by a wild chimpanzee (*Pan troglodytes verus*) at Bossou, Guinea . *American Journal of Primatology*, 70, 699–702.

齋藤亜矢（2008）．想像は創造の母?『科学』12 月号，岩波書店，1346－1347.

竹下秀子（2001）．赤ちゃんの手とまなざし：ことばを生みだす進化の道すじ，岩波科学ライブラリー，岩波書店.

友永雅己・田中正之・松沢哲郎編（2003）．チンパンジーの認知と行動の発達．京都大学学術出版会.

松沢哲郎（1989）．ことばをおぼえたチンパンジー．福音館書店.

松沢哲郎（1991）．チンパンジーから見た世界．東京大学出版会（2008 年新装版）.

松沢哲郎（1991）．チンパンジー・マインド：心と認識の世界．岩波書店（2000 年『チンパンジーの心』として岩波現代文庫）.

松沢哲郎（1995）．チンパンジーはちんぱんじん：アイとアフリカのなかまたち．岩波ジュニア新書，岩波書店.

松沢哲郎（2001）．おかあさんになったアイ．講談社（2006 年講談社学術文庫）.

松沢哲郎（2002a）．進化の隣人 ヒトとチンパンジー．岩波新書，岩波書店.

松沢哲郎（2002b）．アイとアユム．講談社（2005 年講談社プラスアルファ文庫）.

松沢哲郎（2009a）．霊長類学 60 年と今西錦司：世界の霊長類学における日本の貢献．『霊長類研究』，24 巻，187－196.

松沢哲郎（2009b）．比較認知科学：アイ・プロジェクトの 30 年．『動物心理学研究』，59 巻，135－160.

松沢哲郎編（2010）. 人間とは何か：チンパンジー研究から見えてきたこと. 岩波書店.

松本元・松沢哲郎（1997）. 脳型コンピュータとチンパンジー学. ジャストシステム.

译后记

我们会陷入绝望，也会心怀希望，因为我们是人类！

——松泽哲郎

你是愿意做一头快乐的猪，还是思考并痛苦着的苏格拉底呢？这是一个有趣的辩题。英国哲学家、政治经济学家约翰·斯图尔特·密尔（John Stuart Mill）的答案是：做不快乐的人胜于做快乐的猪；做不快乐的苏格拉底胜于做快乐的傻瓜。如果哪个傻瓜或哪头猪有不同的看法，是因为他们只知道自己的那点事情。

译者也曾经在各种场合问过年轻的学生们这个问题，他们中有很多人直言不讳，说愿意做快乐的猪，因为有的时候，思考与思想会给人带来苦恼，甚至压力与痛苦。在没有阅读这两本书之前，你一定也对这个问题有着自己的答案。而在这里，我们为广大读者提供了另一个独特的答案：做一个思考并快乐着的科学家。

日本京都大学从事灵长类研究的科学家松泽哲郎以毕生研究证明了这个答案，他就是一位思考并快乐着的科学家。这两本书总结了松泽教授毕生的研究，得出的结论之一就是人之所以为人的独特性：黑猩猩的思维在时间的跨度和空间的维度上与人类不同，黑猩猩是活在当下的物种，而人类是会思考往昔、现在和未来的物种，人类拥有更强大的想象力。由于拥有想象力，人类有时候会绝望；也正是由于拥有想象力，人类才会充满希望！

作为一位研究黑猩猩超过 40 年的科学家，松泽教授致力于从比较认知科学的视角，全面地了解黑猩猩这个在基因上与人类仅有 1.2% 的差异的物种，并通过把黑猩猩的认知特征与人类的特征相比较，提供了"什么是人类"的答案，这个答案既是通过实证科学论证得到的，也富含着哲学道理。20 世纪 70 年代，中国的教科书中定义的人和动物的区别是人类会使用工具，而动物不会。随着科学家们研究成果的发表，这个人类过去对自身在地球生物界生态位的认知已经被推翻了。珍·古道尔在坦桑尼亚贡贝自然保护区发现了黑猩猩使用工具的现象，松泽哲郎在《自然》上发表了西非几内亚博所黑猩猩使用石器砸开油棕果核的学术论文，人们对人与动物的区别有了新的认识。而以松泽教授为学术带头人的研究团队从1978年开始的小爱项目，则更深入地研究了黑猩猩的认知能力，一系列的新发现让世人对人与动物区别的认识日新月异。小爱是一个世界知名的会识字的黑猩猩，她认识1000多个英文单词、500多个日文汉字，还认识一种松泽教授26岁时构思出来的人造符号语言。语言是人类独有的特性，小爱项目提供了外群（outgroup）参照，为语言学、神经科学、心理学等跨学科研究提供了宝贵的实证数据与科学参照，推进了人类对自身的生物特性以及社会特性的了解。

2000年，小爱的儿子小步出生，松泽教授团队的研究也迈入新的境界，开展了母婴关系、记忆力、黑猩猩与人类婴儿搭积木的思维维度对比等研究。有关小步惊人的瞬时记忆的研究震惊了全世界。这个研究得出的一个结论是：黑猩猩的瞬时记忆力超过了人类！相关的研究视频很快风靡全世界，在中央电视台就重播了多达25次。对于这个结果，松泽教授在书中提出了权衡假说进行详细的解释。这一发现在西方受到了很多批评，因为很多人不愿意承认自己比不过黑猩猩。每次在讲座中展示黑猩猩小步的瞬时记忆力秒杀人类的视频时，松泽教授都会幽默地说："别担心，你们，包括我自己，都无法做到。"面对一些针对其研究结果的批评，松泽教授表现出积极而从容的态度，他是快乐的。这正如在挑战研究的疑点与难题时，他积极寻求突破点，也是快乐的。他是一位思考并快乐着的科学家。

如今出现在书刊、电视节目以及人们脑海里的人类进化历程，往往是一张人如何用后肢行走、逐渐站起来成为人的图片，而松泽教授团队的研究在人类进化与起源方面也有新发现。这个发现虽然目前还只有少数人赞同，却体现了研究者独到的观察思路与眼光。在为松泽教授做交互式口译的过程中，常常有生物学专业的同学或老师对他在讲座中提出的“仰面朝天的躺姿在人类进化中起到了重要而关键的作用”这一观点产生疑问。人们脑中的刻板印象实在是太顽固了！松泽教授以一种极具冲击力的方式，提醒大家去注意仰面朝天的躺姿的重要性。他绘声绘色地指出，直立行走假说是错误的。把黑猩猩和猩猩的婴儿仰面平放在地面上时，他们伸手伸脚的姿态是想要抓住妈妈，而人类婴儿仰面朝天躺姿的生理机制则是出于进化中产生的面对面交流和语言沟通的需求。对人类进化与起源感兴趣的读者，准备好进入思想探索之旅了吗？快去寻找埋藏在字里行间的宝藏吧。

在这两本综述了松泽教授毕生研究成果的科普读物中，他还明确地指出了很多有待解答的学术研究空白。各位对人类以及人类认知、人类进化起源、动物行为学充满好奇心的读者，请准备好阅读的时间。在阅读后，我保证你们会摩拳擦掌，想要探寻更多有关黑猩猩、有关人类的研究话题。要么背起背包，走进大自然去观察、去体悟、去保护、去记录；要么拿起笔记本，走进实验室去探索、去分析、去验证、去关爱。有那么多美好的科学话题，等待着大家去探索发现。

感谢松泽教授为广大中国读者提供了一个思考并快乐着的科学家，透过黑猩猩看人类的视角与答案。

在《透过黑猩猩看人类：想象的力量》的后记中，松泽教授表示把此书当作遗作，当读者读到这句话的时候，一定会觉得有点惋惜。曾经有听众在听完他的讲座后反馈说，松泽教授不仅是一位科学家，更是一位哲学家，非常期待他继续出新书。作为译者的我们也知道，松泽教授一定闲不住，不会封笔的。果然，2018 年，松泽教授出版了新作《透过黑猩猩看人类：分享的进化》。

2022 年 9 月 1 日起，松泽哲郎担任西北大学生命科学学院的客座教授，与方谷成为合作伙伴。在松泽教授的引荐下，韩宁与方谷也成了合作伙伴。为了让中国读者对松泽教授的研究有更加全面的了解，经由方谷联系，东方出版社决定再版《透过黑猩猩看人类：想象的力量》，同时推出《透过黑猩猩看人类：分享的进化》中文版。我们重新梳理了《透过黑猩猩看人类：想象的力量》，以便让读者更加自然而然地进入《透过黑猩猩看人类：分享的进化》。

《透过黑猩猩看人类：想象的力量》以比较认知科学的视角，全面介绍了黑猩猩的实验室研究以及野外黑猩猩的观察研究，并将黑猩猩与人类进行对比，透过黑猩猩更加深刻地了解人类的本质，即想象力塑造了人类。《透过黑猩猩看人类：分享的进化》则把黑猩猩与人类的对比进一步融合，并以交流为核心，探讨了分享的起源与进化，激发读者的好奇心，让读者追随着松泽教授的研究，在阅读中探索人性闪光的特质之一——分享的起源与进化。

希望读者在阅读之旅中找到属于自己的答案！

韩宁　方谷

2024 年 6 月 28 日